时装画精品课

服装设计效果图马克笔手绘技法教程

伍艳菲（Faye菲）◎编著

人民邮电出版社

北京

图书在版编目（CIP）数据

时装画精品课：服装设计效果图马克笔手绘技法教程：超值版 / 伍艳菲编著. -- 北京：人民邮电出版社，2020.11
ISBN 978-7-115-54112-3

Ⅰ．①时… Ⅱ．①伍… Ⅲ．①时装—绘画技法—教材
Ⅳ．①TS941.28

中国版本图书馆CIP数据核字(2020)第104656号

内 容 提 要

本书为想要用马克笔进行服装设计的学习者提供了很好的学习方法。

本书首先对马克笔时装画的入门知识进行了介绍；然后对时装画中的人体表现做了细致的分析和讲解，从最基础的人体比例和结构入手，分别对五官、四肢及人体动态做了深入解析；接着对服装款式、服装面料和服装质感进行了全面讲解，并做了详细的步骤演示。每一个案例都有绘制要点、细节分析、步骤演示和作品赏析等版块，能帮助读者全面提升时装画绘制技能。

全书知识讲解细致，绘制技法全面，案例步骤详尽，服装款式时尚，作品精美，是一本难得的时装画绘制技法学习参考书。本书还附赠视频教程，读者可观看每一个绘画细节，减少学习障碍。

本书适合服装设计初学者、热爱时装画的自学者、服装插画师阅读，也可作为服装设计院校或相关培训机构的教材。

◆ 编　　著　伍艳菲（Faye 菲）
　　责任编辑　杨　璐
　　责任印制　马振武

◆ 人民邮电出版社出版发行　　北京市丰台区成寿寺路 11 号
　　邮编　100164　　电子邮件　315@ptpress.com.cn
　　网址　https://www.ptpress.com.cn
　　廊坊市印艺阁数字科技有限公司印刷

◆ 开本：787×1092　1/16
　　印张：13.25　　　　　　　　　　　2020 年 11 月第 1 版
　　字数：348 千字　　　　　　　　　2025 年 8 月河北第 4 次印刷

定价：79.00 元

读者服务热线：(010)81055410　印装质量热线：(010)81055316
反盗版热线：(010)81055315

前言

很开心在这里和各位读者分享我的心得。当我收到编辑的写书邀请时，心情既激动又紧张，激动是因为我可以与读者分享自己的努力成果，证明自己；紧张是因为作为设计师，忙碌的工作会影响我写书的时间分配和内容质量。鱼与熊掌不可兼得，本着为读者负责的态度，为了能给读者呈现一本高质量的图书，我选择了在家专心投入写作。从试写样章到落实全部内容，经历了10个月的时间。有强迫症的我，对每一章的内容及每一个细节严格把关。希望读者在阅读本书时可以感受到我的用心。在此，非常感谢编辑给予我的机会，以及在本书编写过程中给予的建议和肯定。

从制板图到商业效果图，时装画日渐受到人们的关注，这可以看出时装画的地位不容忽视。时装画不仅能成为服装设计师的助力，还能帮助设计师在商业插画领域有一番作为。就我而言，起初是为了完成学校的作业而绘制时装画，后来被马克笔作品所表现出的帅气风格与魅力吸引，深深爱上了马克笔时装画，从而不断练习，寻找属于自己的绘画风格。真是验证了"越努力越幸运"的道理，我小有成绩后，开始不断有客户邀请我合作。这个过程虽然有辛酸，有汗水，有困惑，但通过努力和坚持，并且相信自我，终将会获得成功！

我从小就非常喜欢画画，随便一张纸一支笔就可以画个不停。我小时候喜欢画人，给玩偶画设计图，梦想是长大后成为一名服装设计师——感谢今天的自己，实现了儿时的愿望。初中时我开始对着贴纸画漫画，到了高中才开始正式接受美术教育。我学习了3年美术基础知识，上了大学后开始学习服装效果图绘制。我正式接触马克笔时装画是在工作后，受到马克笔绘画高手的影响，用自己赚的零花钱买了一套马克笔，开始了自学的历程。迄今，我接触马克笔时装画也快4年了，对马克笔时装画有了自己的见解。我从一个自学者思考的角度出发，结合对美术知识的理解，总结了一些自学时的经验和进步的过程，完成了这本非常适合自学和自我增值的图书。无论你是服装设计师还是学生，或是没有绘画基础的朋友，只要你热爱马克笔时装画，相信这本书一定可以帮到你。

学习马克笔时装画的重点在于自信。要对自己有信心，敢于下笔，不要害怕出错。出错是每一个学习者都会经历的，重要的是学会从错误中总结经验。有很多朋友画错一笔就灰心，或是重画，这样会导致进步缓慢，从而渐渐失去学习的欲望。在这里给大家分享一个我自己总结的学习方法：当你用马克笔上色时画错了或者画丑了，你需要做的是继续画，坚持完成整幅画的创作，但是在画的过程中，你要想着怎么挽救这幅画，怎么能把它变成属于自己艺术风格的作品。绘画风格本来就没有好坏之分，或许在你不断挽救坏稿的时候，就会意外发现自己的绘画风格，甚至变成被别人模仿的对象。绘画能力高超的人数不胜数，能有自己风格的人却不多。当我们模仿别人的时候容易迷失自己，追求和别人一样，从而导致我们不去寻找属于自己的绘画风格。因此，我们不应惧怕错笔，应该保持良好的心态与自信，尽自己最大的努力完成每一幅拥有"自己绘画语言"的作品。

要想拥有属于自己的绘画风格，必须掌握时装画的基础知识，并且勤加练习。本书的知识讲解细致，案例步骤详尽，服装款式时尚，赏析作品精美，绘制技法全面，是一本难得的时装画绘制技法学习参考书。只要你持之以恒，好好利用这本书，就可能会在不断临摹的过程中提出自己的见解和积累经验，形成自己的绘画风格，在一幅又一幅的作品中获得成就感。

我还为大家准备了12个完整的综合案例表现视频，扫描右侧二维码即可获得文件下载方式。如果大家在阅读或使用过程中遇到任何与本书相关的技术问题或者需要什么帮助，请发邮件至szys@ptpress.com.cn，我们会尽力为大家解答。

最后，感谢所有为这本书付出辛劳的朋友和本书的支持者，感谢你们的信任。同时，欢迎大家关注新浪微博@伍艳菲，和我一起探索马克笔时装画的奥妙！

伍艳菲

2020年5月

目录

04

时装画面料的表现技法 / 105

05

时装的质感表现 / 137

01

马克笔
时装画入门

能否捕捉到灵感出现的瞬间，对于设计师而言至关重要。马克笔既能快速记录又能很好地表达创意理念，是深受设计师青睐的绘制工具。马克笔时装画，不仅能快速表达设计，还能展现出独特的风格。我认为，马克笔带给我的是帅气、不羁与气场。

1.1 设计理念的表现方式

1.1.1 时装画的类别

◎ 设计草图

　　设计草图是设计师捕捉设计灵感最快速的方法。更多是表现出大概的设计意图与构想。后期设计师会根据设计草图，完善最终的效果图。

◎ 服装和款式效果图

　　服装和款式效果图强调款式造型的整体效果，注重服装整体的着装形态及细节描写。

服装效果图

从头发、妆容到服装再到鞋，服装效果图的表现比较完整。

款式效果图

款式效果图表现出了服装清晰的轮廓与工艺细节，再加上面料效果，是最接近"成衣"效果的。款式效果图是企业与设计师常用的表现手法之一。

◎ **服装款式图**

手绘款式图

手绘款式图能直接、快速地表达款式特点。一般设计师都会在手绘款式图上写上基本的信息，如面料、拉链和工艺等。

电脑绘制款式图

用绘图软件绘制的款式图，在比例、细节和版型等方面比手绘的更加准确。随着科技的快速发展，很多设计师都选择使用电脑绘制款式图，不仅修改方便、快速，还能提高工作效率。

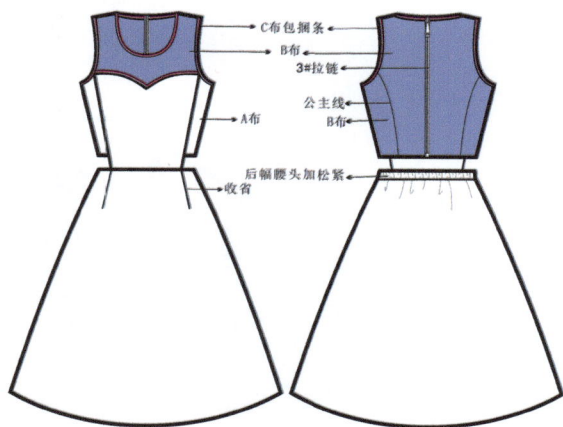

◎ 时装插画

时装插画通常运用在品牌宣传、画册、杂志、详情页或其他商业用途中。

INTERNATIONAL

1.1.2 时装画的表现形式

◎ 写实表现

　　写实表现是一种接近现实的描绘风格，虽有夸张但不强烈，在绘制过程中可以将人物的比例和动态进行少许夸张、变化，以达到理想美的标准。对服装线条、色彩进行归纳处理，有取有舍，主次分明。

◎ 半写意表现

　　半写意表现表达出人物写实的神韵，又能使画面具有写意的节奏与想象空间，时尚感强。

◎ 写意表现

　　写意表现形式着力于画面抽象、韵律、气势的时尚美感。

◎ 材质多元化表现

　　服装设计师在创作和表现的过程中，除了运用画笔以外，还有很多生活中的材料都是可以运用的，如布料、报纸、花瓣和指甲油等。很多时候，非常规的手段不仅能帮助设计师快速实现创意，有时还会带来意想不到的惊喜。

1.2 马克笔时装画所需工具

1.2.1 认识马克笔

马克笔（Marker）是一种时装画常用绘画工具，它对画面渲染的速度快，颜色鲜亮、通透。马克笔可快速记录创意表达与构思，笔触潇洒大气，极具风格魅力。

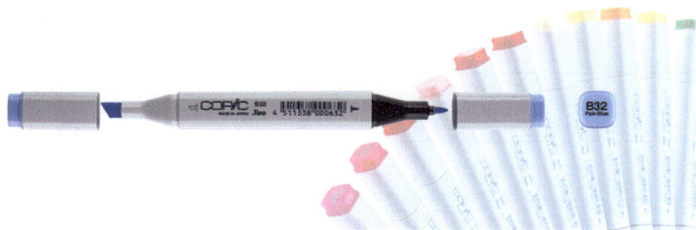

◎ 马克笔的笔头

斜头（Broad）：用于大面积铺色，斜头的每个角度都不同，可通过不断转换笔头方向画出粗细、宽窄不同的色块，笔头的棱角可以用来勾线。

细头（Fine）：适合用于勾线和填充面积较小的部分，多用于刻画细节，制造纹理。

软头（Brush）：线条非常灵活多变，弹性好，笔触柔软，多用于绘制拐弯较多的褶皱、头发等。

宽头（Wide）：用于大面积铺色，多用于背景或海报广告制作。

Broad　　　　Fine　　　　Brush　　　　Wide

◎ 马克笔的墨水

油性/酒精性

优点：防水，快干，易叠色，纸张不容易起球，混色效果好，颜色饱和度高，颜色鲜艳。

缺点：含甲醇，较刺鼻，用时要保持通风。

水性

优点：不刺鼻，色彩饱和度相对较低，颜色相对没那么鲜艳，更优雅、自然。

缺点：不防水，易晕开，混色效果差，反复叠色容易使画面变脏。

常见马克笔介绍						
品牌Logo	品牌名	产地	墨水类型	笔头材质	参考价格/元	特点
Chartpak	Chartpak AD	进口	油性	发泡型	18~20	价格昂贵，但效果好，笔头弹性好，颜色近似于水彩的效果
Sharpie	三福	进口	油性	发泡型	10~15	变化笔头角度可以画出不同笔触效果，颜色柔和
Rhinos	犀牛	进口	油性	发泡型	6~10	颜色干前和干后的色差极小，色彩稳定性高，笔头宽大，笔触柔和
COPIC	Copic	进口	酒精性	纤维型	28~30	价格贵，可替换笔头，可补充墨水，快干，混色效果好
MARVY UCHIDA	美辉	进口	水性/酒精性	纤维型	8~10	价格便宜，水性笔头较窄，颜色饱满
Kuretake	吴竹	进口	水性	纤维型	12~15	双头同色系有深浅两色，用于阴影特效绘制效果更佳，防水性好
TOUCH	TOUCH	进口	酒精性	纤维型	12~13	性价比高，色彩丰富，混色好，色彩艳丽
iMark	iMark	进口	酒精性	纤维型	10~12	三面笔头，笔触硬朗，灰色系颜色较多
FINECOLOUR	法卡勒	国产	酒精性	纤维型	5~8	融色效果好，性价比高，颜色多样
斯塔	斯塔	国产	水性	纤维型	2.5~4	笔头较细，颜色较透明，色彩丰富
Touch three	Touch3/Touch4	国产	油性	纤维型	1.3~3	性价比高，颜色多样，价格低廉，建议初学者练习时使用
POTENTATE	邁爵	国产	油性/水性	纤维型	3~5	颜色亮丽，笔触流畅

1.2.2 其他辅助工具

◎ 纸张

马克笔墨水渗透力较强，最好选择马克笔专用纸，建议初学者选择较厚的绘图纸（180g/m² 左右）。铜版纸过于光滑，不利于马克笔上色；卡纸略粗糙，不利于流畅用笔，并且颜色渗透性差。

①马克笔专用纸和马克笔颜色融合是非常好的搭配体验，但是价格较高。

②180g/m² 左右的绘图纸价格较低，绘画效果也不错，是初学者很好的选择。

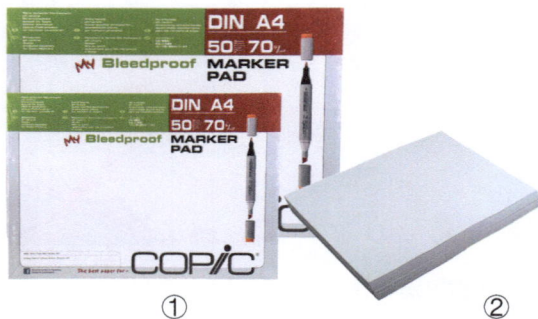

①   ②

◎ 铅笔和橡皮

铅笔和橡皮多用在起稿阶段。起稿可以选HB铅笔或自动铅笔。

马克笔是透明材质，起稿时应保持画面干净，将不必要的辅助线擦掉，否则马克笔颜色无法覆盖线条，影响画面效果。

①可利用木质铅笔的钝头笔尖勾勒线稿的大致轮廓。

②自动铅笔多用于完善线稿细节。

③自动铅笔的笔芯可以用很长时间。极细的笔芯可用于绘制非常细致的部分，如五官可选用0.3mm或0.5mm的笔芯绘制。

④固体橡皮可以擦得非常干净，但是使用次数过多容易损坏纸张。

⑤可塑橡皮可以塑形，可用于擦除细微的部分，不易损坏纸张。

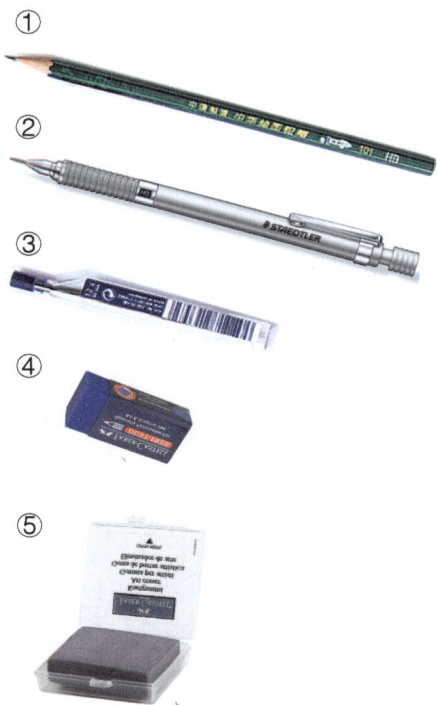

用钝头的铅笔起稿

用0.3mm自动铅笔绘制的细节线条

◎ 勾线笔

勾线笔一般用于强调线条轮廓、结构转折或细节描绘。

①穆美娜彩色纤维勾线笔，颜色丰富多彩，但不防水，要等待墨水干后再勾线，以避免颜色晕开。

②彩色绘图针管笔，主要以灰色系为主，型号多，墨水充沛，防水性好。

③秀丽笔是一种软笔，笔锋软硬适中，出墨均匀，快干防水，适用于定稿勾线。

④彩色防水秀丽笔，笔锋细软，防水，墨水不褪色。

⑤防水针管笔，型号多，防水，遇水不晕染。

⑥美工钢笔，所画出的线条因其结构不同而不同，硬度高，速写稳定性高。

⑦蘸水笔，硬度高，笔头可替换，可画出多变的线条，但一次所含的墨水是有限的，容易出现断墨的情况，墨水容易滴在纸上。

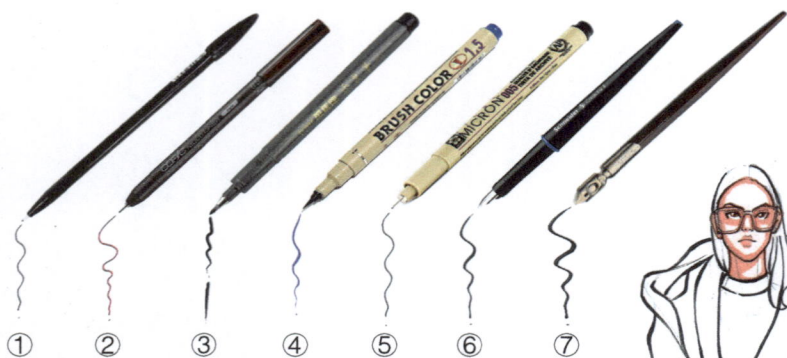

结合了穆美娜纤维笔和极细彩色针管笔绘制的五官、皮肤轮廓和花卉图案

用小号秀丽笔勾勒的画面

用钢笔勾勒的画面

◎ 水彩

水彩的透明度高，调色方便，色彩变化非常丰富。水彩一般分固体颜料和管装颜料。水彩和马克笔笔触的匹配性好，搭配使用不但可以增强表现力，还能丰富画面色彩。

①管装颜料。

②固体颜料。

③固体水彩棒。

 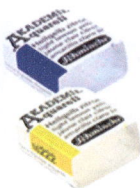  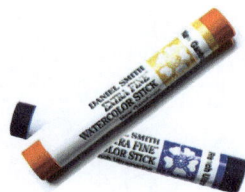

① ② ③

WS-YanFei
Faye 翻飞
2016.6.9.

◎ 彩铅

彩铅属于半透明材质，和马克笔搭配使用可以起到一定的覆盖作用，可用于绘制纹理等。彩铅相对而言比较容易掌握，可通过排线和色彩叠加来表现细腻、过渡、柔和的视觉效果。

①油性彩铅，上色后会形成一层油蜡的涂料。

②水溶性彩铅，不蘸水时和普通彩铅的效果差不多，蘸水后，铅笔粉末会融化，呈现出和水彩画一样的效果，看不出铅笔的线性痕迹，成为一整片的色块。

①

②

水溶性彩铅加水晕染后的效果　　　　水溶性彩铅局部晕染的效果　　　　油性彩铅绘制的效果

◎ 高光笔

高光笔属于覆盖性强的油漆笔，和马克笔搭配使用可以达到最佳效果。在用马克笔绘制时装画时，大面积的受光面通过留白体现，小面积的高光则可以用高光笔体现。

①只有一种规格，目前有金色、银色和白色，覆盖力强，线条单一。

②有几种规格，包含0.7mm、1.0mm和2.0mm，线条有细粗变化。

③白色墨水，流动性好，可以覆盖大面积。

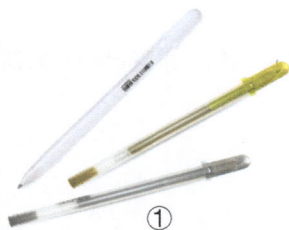

①

②

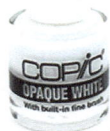

③

金色可绘制金属细节，白色可提亮服装和绘制波点

1.3 马克笔的表现技法

　　马克笔绘制的线条通常起始端和终止端颜色比较深，中间颜色比较浅，浅到可以透过其他颜色。不同的笔头画出来的笔触各有特点。在绘制时装画时，人体的运动使服装产生大量转折和褶皱，因此用笔也要灵活多变，实际上就是用合适的笔触去填充而已，不要总觉得马克笔难以控制或不敢下笔。只有掌握了基本笔触，才能更好地灵活转动笔尖得到想要的笔触。要做到控制画笔，而不是被画笔控制。

1.3.1 马克笔的基本笔触

①用斜头以45°向一个方向用笔，常用于大面积铺色等。

②用斜头向一个方向扫笔，起笔较重，收笔时笔尖不与纸面接触，体现出"扫"的感觉，常用于过渡。

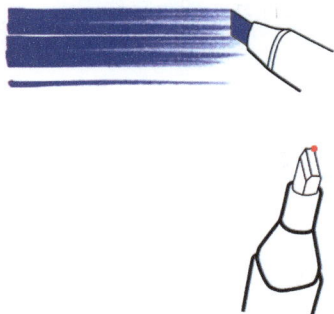

③通过斜头截面快速运笔，旋转笔杆，"飞"笔收尾，和扫笔类似，但飞笔笔触要短一些，用笔方向灵活，常用于填充堆积褶皱。

④这种用笔与飞笔类似，但线条更长，常用于绘制垂褶，如长裙、长裤等的纵向填充。

⑤用斜头细截面绘制出细面，常用于绘制色块或纹理。

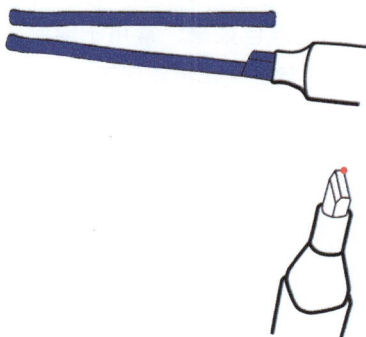

⑥用斜头棱角绘制出的线条粗细适中，可灵活运用于勾线或绘制轮廓。

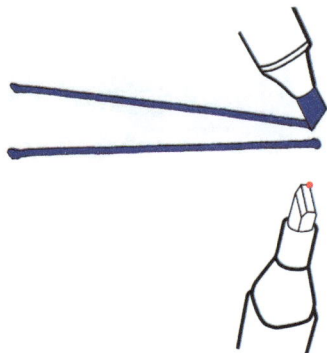

⑦用斜头尾端棱角以Z字形运笔，表现出粗细变化的线条。这种线条是斜头表现中最细的线条，常用于衔接。

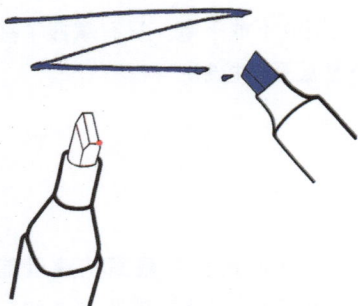

⑧通过斜头不同截面绘制出来的笔触，以笔块为主，在笔法上随意灵活，适合绘制图案色块或纹理。

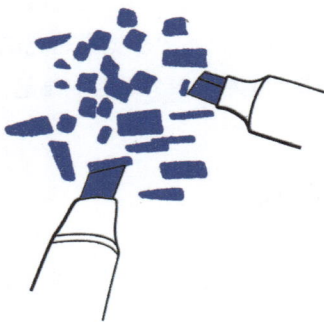

⑨细头线条灵活，垂直用笔可以点出饱满的圆点，常用于勾勒轮廓，绘制波点图案或图案细节。

⑩软头笔相对于其他笔头而言，粗细变化灵活，线条更富有动感，常用于绘制转折或拐弯多的部分，如布纹褶皱等。

⑪宽大笔头多用于大面积铺色，在时装画中常用于绘制背景或写意绘制。

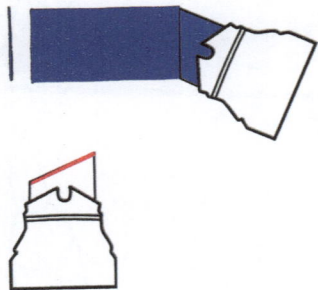

⑫0#马克笔常与其他颜色的马克笔叠加使用。通过图中对比可见，0#马克笔可以使颜色达到混色效果，常用于绘制皮肤过渡、天鹅绒纹理等。

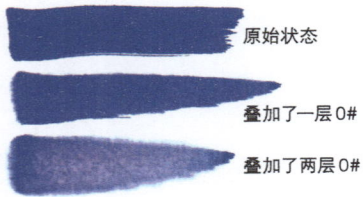

原始状态

叠加了一层0#

叠加了两层0#

1.3.2 马克笔常见用笔问题

在用马克笔表现画面时，如果用力不当或者画时过于犹豫，也是不利于作画的。不要怕画得丑，要有自信，要勇于下笔，勇于犯错，这样才会积累经验，从而逐渐进步。下面列举几种使用马克笔时常见的问题。

①两头颜色太重，停顿时间太长。

②线不直，用笔力度不够。

③用笔过于犹豫，断断续续，笔触不畅。

④笔太干，但适用于绘制纹理。

⑤渗色超过了轮廓线，上色时或距离轮廓线太近，或马克笔太湿。

⑥色块中出现污迹，上色时墨水未干或笔头被染色。

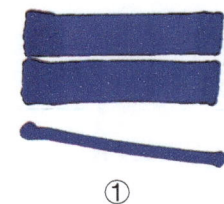

①

②

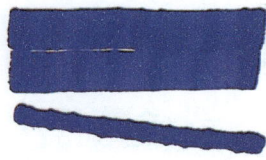

③

④

⑤

⑥

1.3.3 马克笔技法运用

◎ 涂法

这是最基本的技法，马克笔由于受笔头形状和宽度的限制，无法像水彩那样绘制出极为平整的色块，会留下衔接笔触。

①由左往右排线有明显的笔触。

②由上往下排线有明显的笔触。

③打圈平涂，由于马克笔笔头的特点，因此打圈平涂会导致颜色不均匀。

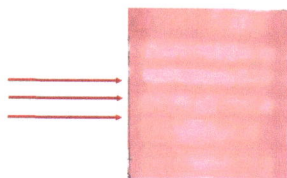

①

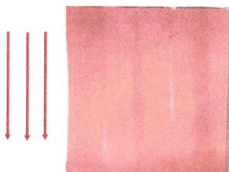

②

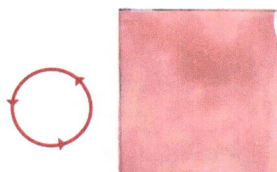

③

平涂之余留出高光，显得
更有光泽、更透气

平涂过于饱满，略显生硬

采用平涂法绘制的外套和采用笔触叠加法绘制的连体裤，形成
对比，使画面更有层次

◎ 点线面组合法

点线面组合法指通过点线面的绘画原理来运用笔触。在时装画中，点通常用来点缀、过渡，细节和图案的简化都可以用点来表示；线的粗细、虚实变化尤其重要；面，则以多个不规则的面出现。灵活运用点线面可以使时装画更生动，使画面更具立体感。

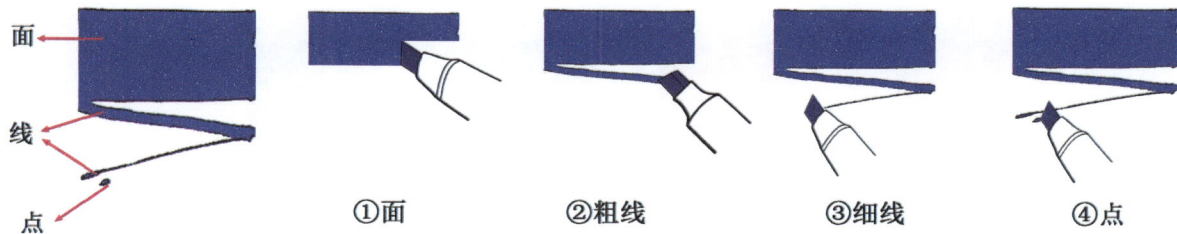

面
线
点

①面　　②粗线　　③细线　　④点

点线面局部和整体的运用

用点线面手法绘制各个局部，使画面更具特色，笔触丰富

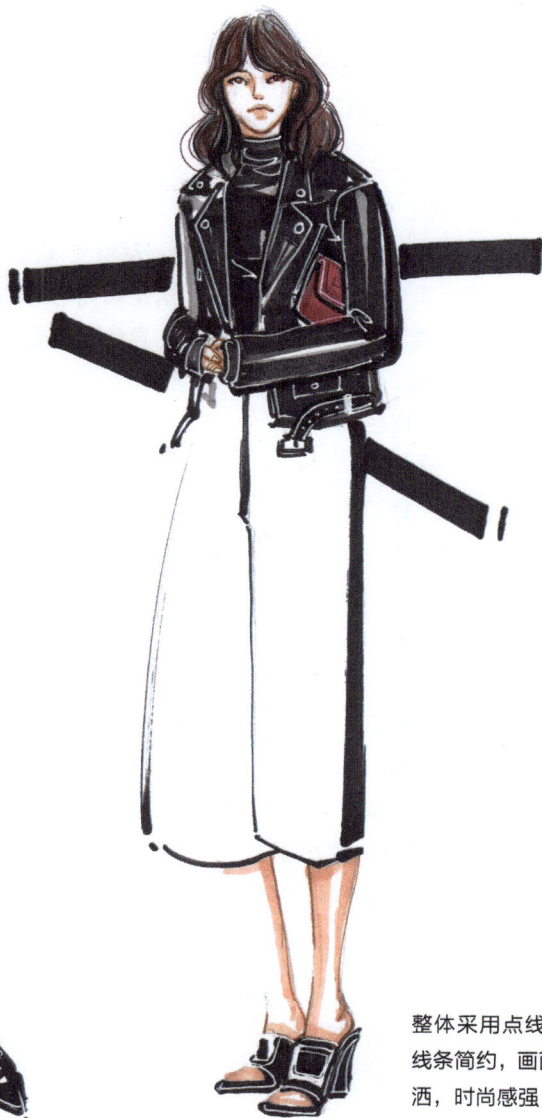

整体采用点线面表现，线条简约，画面干净潇洒，时尚感强

◎ 叠加法

叠加法是绘制马克笔时装画时最常用的方法，通过颜色的叠加，可以很好地区分明暗，达到自然的衔接过渡，不仅可以增强画面层次感，还可以丰富画面。叠加前需要注意叠加处的颜色是否干透了，针对干叠加和湿叠加的特点，可以合理安排运用。

同色系　　　　　　　　　　　　　　　异色系

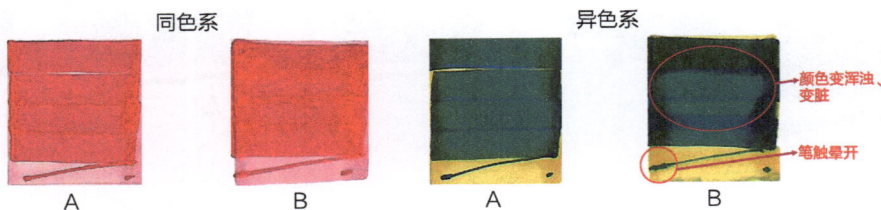

颜色变浑浊、变脏

笔触晕开

A　　　　　　B　　　　　　　A　　　　　　B

A表示底色干后再上色，B表示第一层底色未干就再次上色。

同色系

A：笔触清晰，颜色分明。

B：笔触衔接，颜色混合。

异色系

A：笔触清晰，保持两层颜色分明。

B：笔触含糊，底色和上层颜色混合，颜色变浑浊、变脏。

总结：同色系干叠加的笔触分明，这是马克笔的笔触特点，适用于绘制各类服装；湿叠加颜色达到混合效果，可用于绘制皮肤、绒料等混色。异色系干叠加上下层颜色分明，适用于图案叠加；湿叠加颜色变浑浊，不推荐使用。

①第一层平涂底色。

②第二层干叠加。

③第三层再干叠加。

④通过笔触的排列层层逐渐叠加，形成渐变，明暗表现细腻，达到自然的过渡效果。

单色叠加

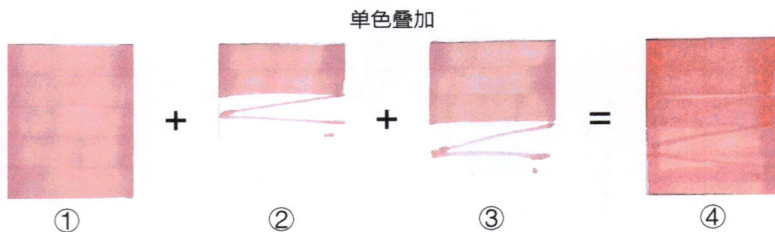

①　　　　　+　　　　②　　　　+　　　　③　　　　=　　　　④

①第一层平涂底色。

②第二层干叠加。

③第三层再干叠加。

④通过笔触的排列露出下方颜色，更显层次，笔触分明，明暗分明，实现过渡衔接。

同色系叠加（浅-深）

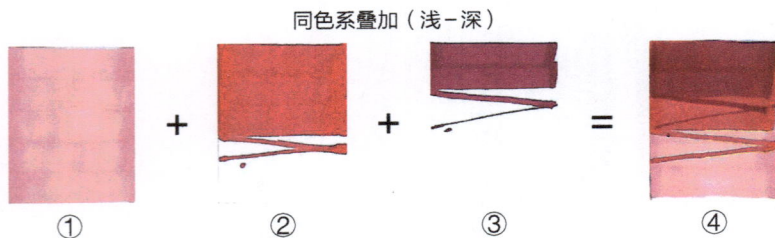

①　　　　　+　　　　②　　　　+　　　　③　　　　=　　　　④

①画深色。

②叠加第二层颜色。

③平涂最后一层底色。

④笔触有所混合，出现水印。

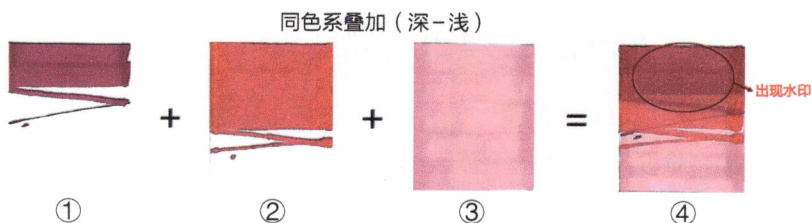

同色系叠加（深-浅）

① ② ③ ④

总结：叠色时应注意深浅颜色的绘制顺序，理解所产生的效果。每一次叠加的色彩面积应该逐渐减少，切忌全部覆盖上一层色调，否则会失去层次感。由浅到深绘制，颜色可以实现自然的过渡衔接；由深到浅绘制，会出现反底色和水印，在特殊处理中，可以用此特性来体现纹理或质感，如绘制天鹅绒质感（具体可参考天鹅绒面料质感绘制章节）。

同色系（浅-深）叠加，色彩对比强烈，色彩层次分明

单色叠加，色彩柔和，对比和谐，过渡衔接自然

同色系（深-浅）叠加，色彩过渡柔和，颜色融为一体

1.3.4 辅助工具的搭配

◎ 与彩铅搭配使用

彩铅可以用来绘制细节或表现纹理。马克笔和彩铅混合使用，彩铅能很好地调和颜色，弥补马克笔颜色的不足，使画面细节更加丰富细腻。

马克笔和彩铅搭配的使用顺序

先用马克笔绘制出底色，再用彩铅进行叠加，彩铅和马克笔的颜色完美混合，形成富有变化的纹理感。

若先用彩铅绘制底色，再用马克笔进行叠加，则过渡略显生硬，而且油性彩铅的蜡质也容易损坏马克笔笔头。因此，建议先用马克笔绘制，再用彩铅叠加颜色，效果更佳。

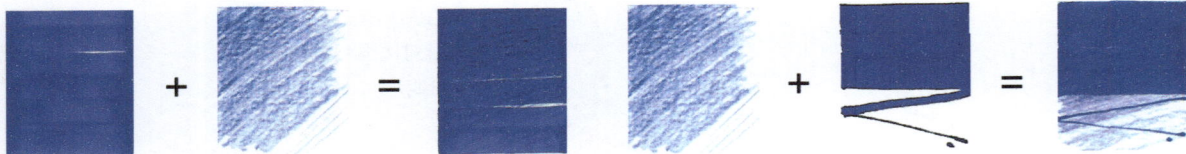

马克笔和彩铅搭配案例

利用彩铅绘制出牛仔面料的粗糙纹理感

利用水溶性彩铅既能表现胸前薄纱的透视感，又能表现纱裙密集的褶皱

◎ 与水彩搭配使用

可以先使用水彩进行大面积渲染来铺设底色，再用马克笔叠色进行强调，也可以在马克笔绘制的底色上进行渲染，使原本清新、轻快的色彩变得沉稳、艳丽。

①用水彩绘制底色。

②干后，再用马克笔叠色。

③笔触清晰，干脆利落，颜色分明。

①用马克笔绘制底色。

②用水彩进行融色。

③水彩微微洇开，形成柔和、清新的融色效果。

用水彩渲染背景，使马克笔的笔触与水彩的笔触形成对比，增强画面层次

利用马克笔绘制人体和五官，再用水彩笔进行渲染，绘制出百褶裙的细褶和透视感

借助水彩绘制出使用马克笔较难表现的水溶边
印花图案或颜色复杂的渐变图案

借助水彩绘制出渐变的裙摆底色，再用
马克笔进行图案绘制

02

时装画中的
人体表现

时装画表现的是服装的美感和服装在人体上穿着后的预期效果，因此掌握人体、人体与服装的关系是绘制时装画至关重要的一个环节。在时装画中，人体绘画是基础，很多初学者往往被时装画的魅力吸引，急于绘制服装，忽略了人体的学习或草草带过，导致总是画不出理想的效果，进而失去学习兴趣。所以我们在学习人体比例时，务必认真对待，为以后的学习打好基础。

2.1 时装画中的人体

2.1.1 时装画中的人体比例与构成

　　时装画中的人体造型与实际人体还是有差别的，出于画面视觉效果的考虑，时装画中的人体各部位的比例会有相应变形和美化。正常人体一般为7.5或8头身，亚洲许多地区以7头身居多，而时装画中的人体比例普遍为9头身。由于马克笔的表现更具张力，因此一般会采用10头身甚至11头身。

◎ **女性人体比例**

　　女性体型的特点是肩宽与臀宽相等，在增加头身比例时，躯干变化不大，脖子、腰部只需稍稍加长，腿则重点加长。

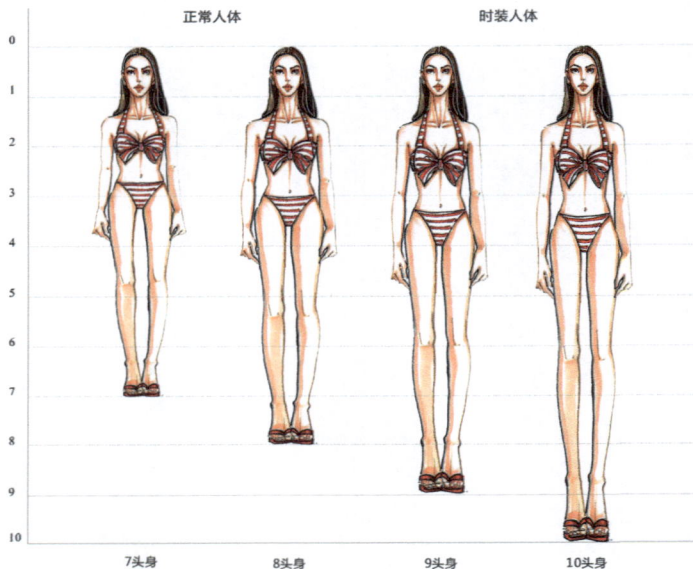

◎ **男性人体比例**

　　男性人体最主要的轮廓特征是呈倒三角形，他们四肢发达，肌肉结实，在绘制时需要表现出肌肉的饱满，线条变化幅度大，尤其关节处的线条更明显。男性体型的特点是肩宽大于臀宽，所以在改变身高比例时，纵向与女性拉伸方法一样，脖子和腰部只需要稍微加长，腿为主要加长部位，适当加大肩宽。

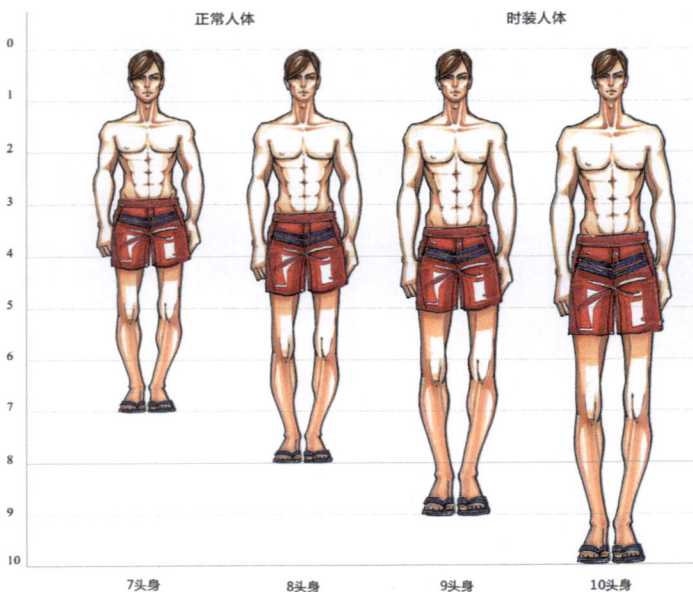

◎ 儿童和青少年人体比例

幼童（2~3岁）：约4头身。头部占据大部分比例，头部浑圆，四肢比较短胖。

儿童（4~6岁）：约5头身。腿比幼童时期要长一些，但和幼童一样都是胖乎乎的，骨骼还藏在脂肪中，肌肉几乎还没有发育。

少年（7~12岁）：约7头身。随着年龄增长，婴儿肥渐渐退去，身体比例逐渐变均匀，躯干和四肢逐渐拉长。

青少年（13~17岁）：约8头身。在比例上已经趋于成年人，骨骼变化明显。但由于身体还没有完全发育成熟，因此身形还较为纤细。绘制时要表现出青春活力，彰显个性，用笔可稍微加强，体现出骨骼的线条感。

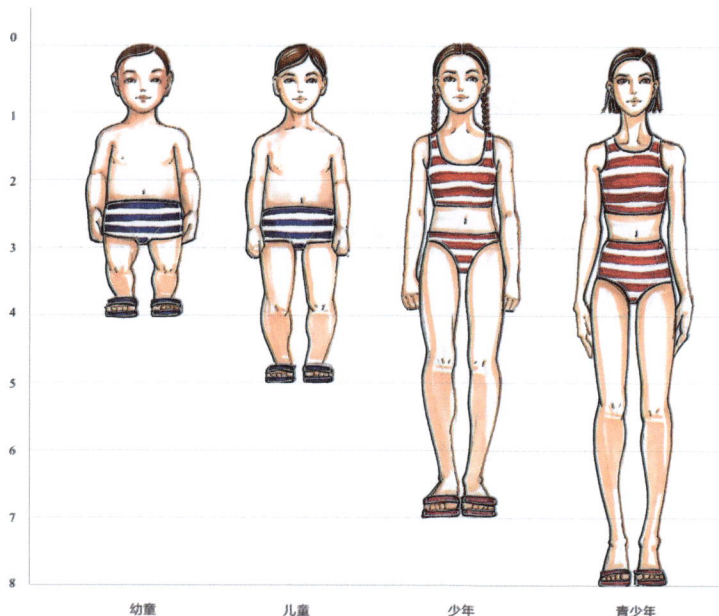

幼童　　　儿童　　　少年　　　青少年

2.1.2 人体的构成

人体的骨头不是笔直的，绘画中笔直的线条让人感觉呆板，弯曲的线条会使人体更生动。可以简单把人体理解为是由不同的几何体组成的，不同的几何体代表人体不同的部位，把这些局部的几何体画好并学会进行组合，那么想画好时装人体就不再是一件难事。

图中的红色标记部分是人体活动的主要关节点，在绘制时装画时，要注意转折的变化，只要掌握了它们之间的规律，就可以绘制出更多不同姿势的人体。

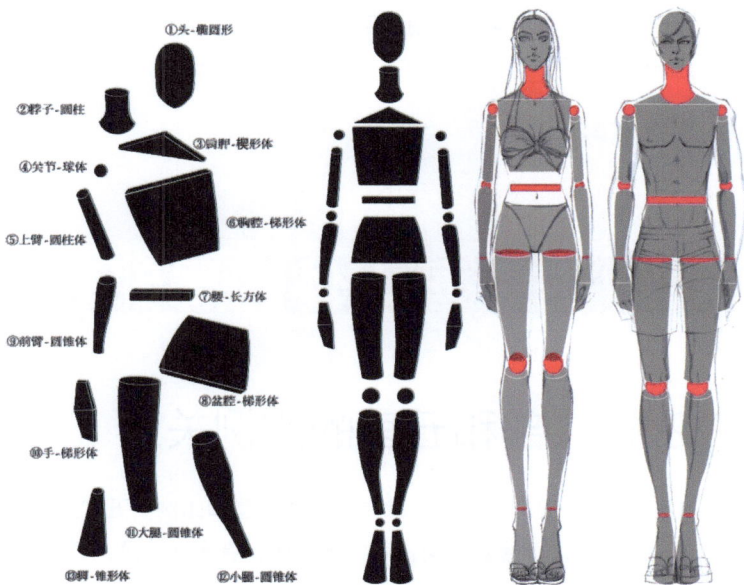

①头-椭圆形
②脖子-圆柱
③肩胛-楔形体
④关节-球体
⑤上臂-圆柱体
⑥胸腔-梯形体
⑦腰-长方体
⑨前臂-圆锥体
⑧盆腔-梯形体
⑩手-梯形体
⑪大腿-圆锥体
⑬腿-锥形体
⑫小腿-圆锥体

2.1.3 时装人体的绘制要点

一般来说，无论几头身，在宽度上基本比例是不变的。

女性体型的特点，肩宽＝臀宽＝1.5头长，腰宽＝1头长。

男性体型的特点，肩宽大于臀宽，肩宽＝2头长，腰宽＝1头长，臀宽＝1.5头长。

案例为9头身，长度也遵循了一定规律。

以腰线为界：

上半身＝3头长；下巴到腋下、腋下到腰分别为1头长。男性体型相同。

下半身＝6头长；腰部到会阴＝1头长；会阴到膝盖＝2头长；膝盖到脚踝＝2头长；脚踝到脚趾＝1头长。与女性人体不同的是，男性前臂略长，大腿略长于小腿。

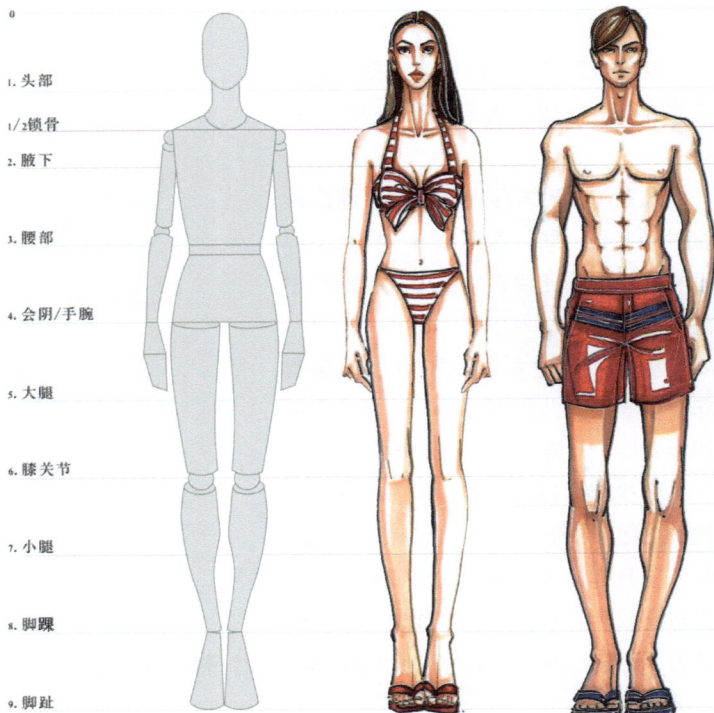

| 0 |
| 1. 头部 |
| 1/2锁骨 |
| 2. 腋下 |
| 3. 腰部 |
| 4. 会阴/手腕 |
| 5. 大腿 |
| 6. 膝关节 |
| 7. 小腿 |
| 8. 脚踝 |
| 9. 脚趾 |

绘制时要注意线条的粗细，用笔轻重得宜。男性则要体现出体积的力量感，在绘制时注意线条的起伏，圆滑流畅。

2.2 时装画人体的局部表现与画法

2.2.1 头部和五官的比例关系

绘制头部与五官，首先要掌握五官的位置和比例。五官的位置有"三庭五眼"之说。

"三庭"即发际线到眉尖、眉尖到鼻底、鼻底到下颌，各占脸长的1/3。在平视头部时三庭的距离相等。

"五眼"即两耳之间有5只眼睛的宽度。这也是现实中人眼睛的面部比例。

需要注意的是，"三庭五眼"只可作为基准，以免走形。在绘制时装画时，为了塑造完美的脸型，会打破这个比例，但前提是要有基准才能进行调整。如要体现模特脸庞瘦小，只要注意两眼之间的鼻宽约等于一只眼宽即可；又如在绘制白种人模特的时候，眼睛较大，脸庞窄而立体，眉毛与眼睛的距离短。

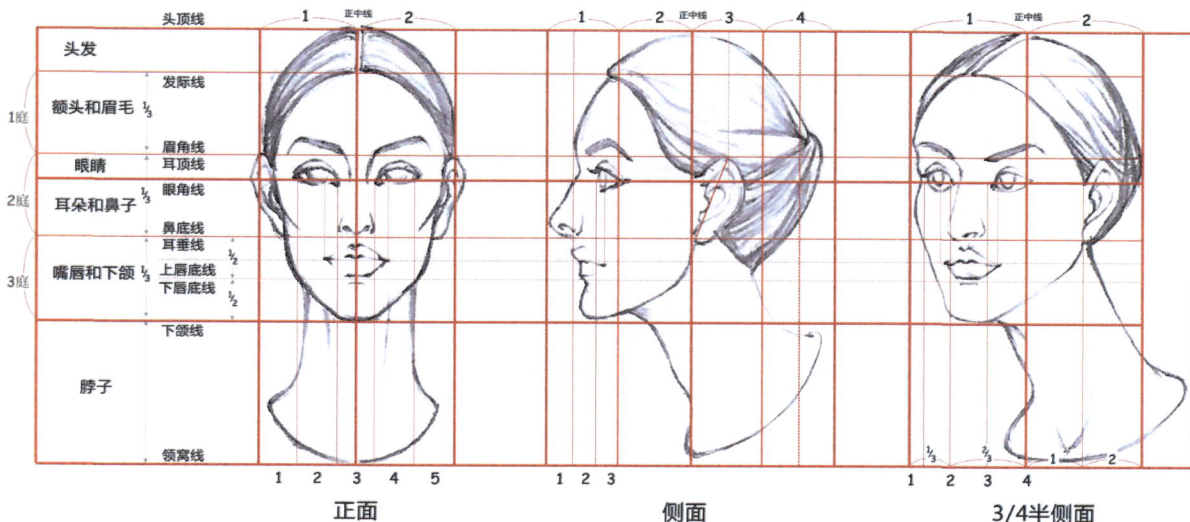

正面		侧面	3/4半侧面

对比可见，无论正面、侧面或半侧面，五官的高度位置变化不大，而宽度是根据比例关系而变化的。

◎ 正面画法解析

正面的头部在时装画中较容易掌握。掌握好正面脸部的绘制，可以为后面学习其他角度的头部画法打下坚实的基础。注意正面脸型的轮廓，由颧骨和下颌骨决定。

①根据"三庭五眼"的比例关系绘制出辅助线，确定发际线、耳顶线、鼻底线和下颌线，脖子长度为半个头长，眼睛位于头部1/2处，平均分配5眼。

②进一步绘制辅助线，绘制出眼睛、眉毛、鼻子和耳朵的大致形状，嘴巴在鼻底到下颌的1/2处。时装模特的脸较小，所以只需要保证两眼之间的鼻宽约等于一只眼宽即可，脸型轮廓可以缩小。嘴巴宽度则为1.5个眼宽，耳朵位于眉底和鼻底间。

③完善五官轮廓，绘制出双眼皮和眼珠，细化耳朵结构，绘制出唇沟，画出脖子主要线条，确定头发形状。

④去掉辅助线，完善五官细节和头发。

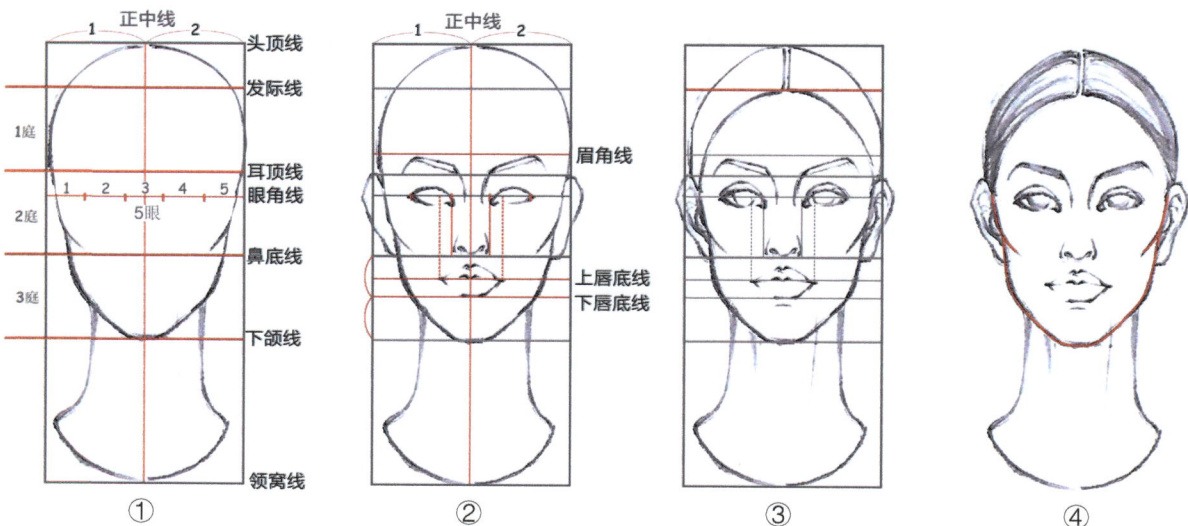

①	②	③	④

◎ 半侧面画法解析

在绘制平视半侧面时需要注意五官的位置变化，以及宽度之间的变化，要把握好它们之间的透视关系。注意半侧面脸型的轮廓，由眉骨、眼窝、颧骨和下颌决定。

①根据比例关系绘制出正中线和"三庭"的辅助线。脖子长度为半个头长，眼睛位于头部1/2处。在正中线一侧绘制眼睛比例的辅助线，注意透视关系，眼睛比例为一宽一窄。

②进一步绘制辅助线，绘制出眼睛、眉毛和鼻子。正中线另一边的一半为耳朵的位置，耳朵高度位于眉底和鼻底间。嘴巴在鼻底到下颌的1/2处。注意五官之间的宽度变化。

③完善五官轮廓，绘制出双眼皮和眼珠，完善耳朵结构，绘制出唇沟，确定发际线形状。

④去掉辅助线，完善五官细节和头发，画出脖子的主要线条。

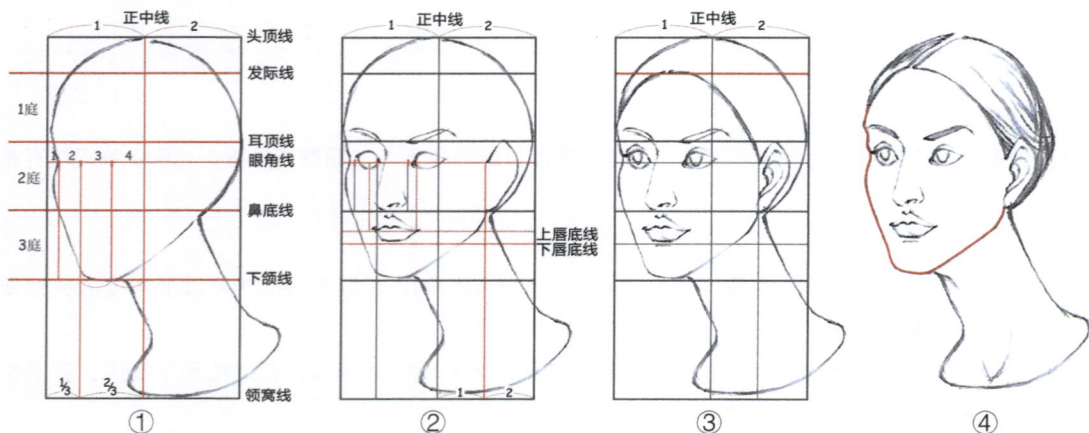

◎ 侧面画法解析

侧面轮廓曲线明显，鼻尖是脸部最突出的地方，下颌骨是塑造侧面轮廓的重要线条。

①根据比例关系绘制出"三庭"辅助线。脖子长度为半个头长，眼睛位于头部1/2处。

②进一步绘制辅助线，绘制出眼睛、眉毛和鼻子。正中线为耳朵的位置，耳朵高度位于眉底和鼻底间。嘴巴在鼻底到下颌的1/2处。

③完善五官轮廓，绘制出双眼皮和眼珠，完善耳朵结构，确定发际线形状。

④去掉辅助线，完善五官细节和头发。

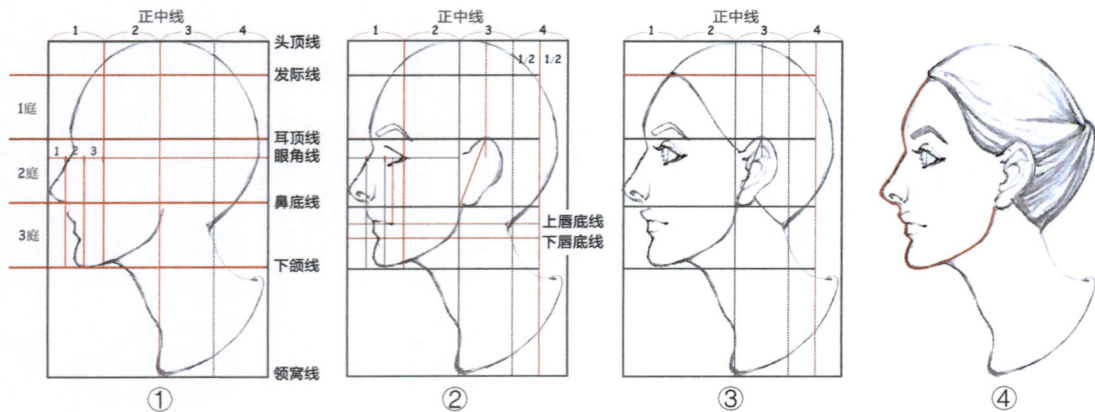

2.2.2 五官的画法

◎ 眉眼

眼睛是脸部重要的组成部分之一，在绘制时装画时应该重点表现。眼睛通过调整眼影、睫毛和眼线等可以有很多变化。

正面眼睛画法和上色步骤

特点：对称，内眼角比外眼角低，上眼睑比下眼睑弧度大。

01 绘制3等分辅助线，根据辅助线绘制出眼部轮廓。

02 绘制出球形辅助线，因为眼珠呈球状。眼珠会被上眼睑遮盖一部分，绘制时切忌绘制成一个圆形，应该是半圆。

03 擦除辅助线，确定最终线稿。

04 用26#马克笔平涂皮肤底色，眼球处留白。

05 用25#马克笔绘制出皮肤暗部。

06 用浅棕色纤维笔勾线，绘制出虹膜底色，注意留白作为高光。

07 用深棕色纤维笔进一步加重眼线，强调暗部线条，完善瞳孔的绘制。

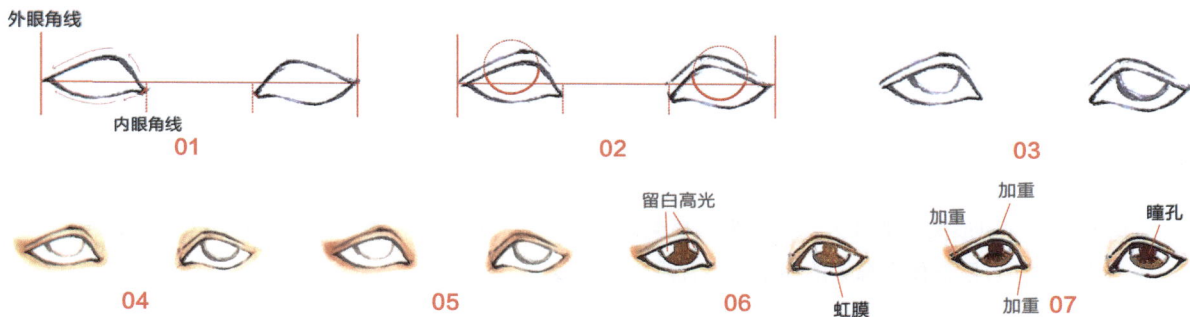

3/4半侧面眼睛画法和上色步骤

特点：侧转时长度会变短，内眼角的弧度随之变大，内眼角比外眼角低，上眼睑比下眼睑弧度大。

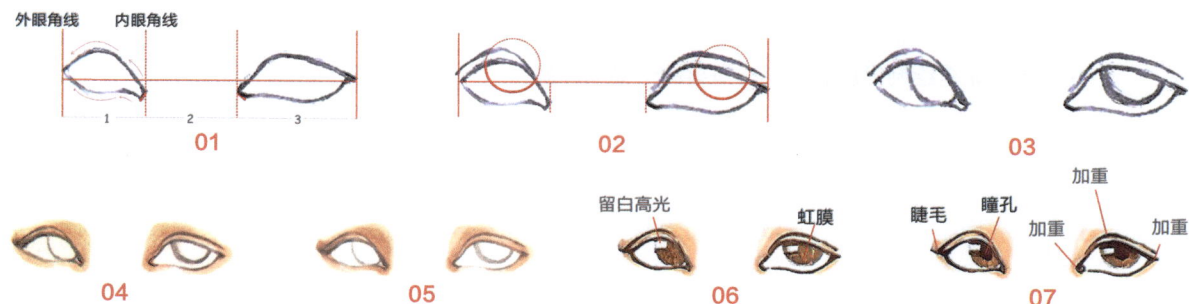

侧面眼睛画法和上色步骤

特点：正侧面时，只能看到一只眼睛。此时看不见内眼角，眼睛呈三角形，上眼睑比下眼睑长。

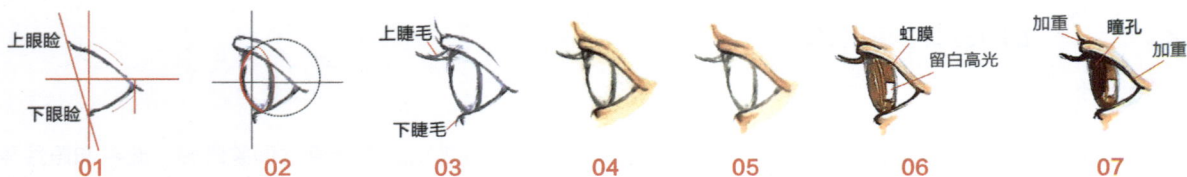

上眼睑 / 下眼睑 | 上睫毛 / 下睫毛 | 虹膜 / 留白高光 | 加重 瞳孔 加重

01　02　03　04　05　06　07

眉毛画法和上色步骤

01 绘制好眼睛后，穿过两眼角绘制一条辅助线，然后在靠近上眼睑处绘制一条与第一条辅助线平行的辅助线，接着将第二条辅助线分成3等份，确定眉长。从两眼角延伸两线，确定眉毛的弧度，眉毛的形状可以根据个人审美绘制。

02 擦除辅助线，绘制眉毛，眉毛顺着同一方向绘制。

03 用浅棕色纤维笔勾线，强调眉毛底部的线条。

04 用深棕色纤维笔进一步加重眉毛密集处。1为重点加重，线条密集；2为过渡加重，线条稀疏；3因眉毛稀疏则不需要加重。

眉腰　眉峰　眉梢 / 眉头 / 平行线 / 平行线 | | 眉底线 | 1　2　3

01　02　03　04

◎ 鼻子

鼻子是五官中最突出的部分，需要强调鼻梁的高度。在时装画中，鼻子属于次要部分，可以画得简单一些。绘制时通过阴影体现鼻梁的线条，不宜用粗线勾线。

正面鼻子画法和上色步骤

01 绘制辅助线，两条直线作为鼻梁，两条对称折线作为鼻翼的参考线。

02 根据辅助线绘制出鼻梁和鼻翼，然后绘制鼻孔辅助线。

03 绘制鼻孔轮廓。

04 用26#马克笔平涂出皮肤底色。

05 用25#马克笔绘制出皮肤暗部、鼻梁的一侧和鼻底。

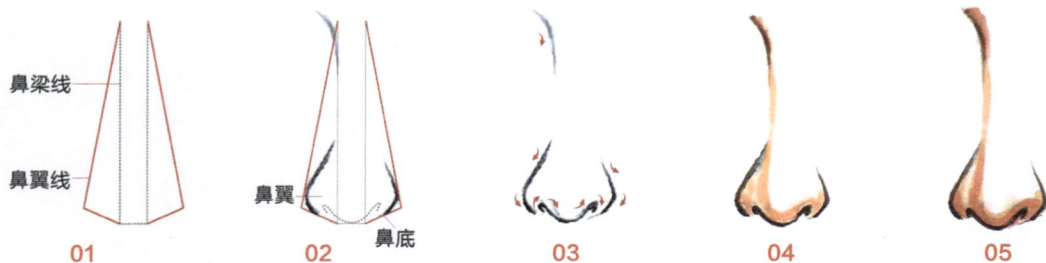

鼻梁线 / 鼻翼线 | 鼻翼 / 鼻底

01　02　03　04　05

半侧面鼻子画法和上色步骤

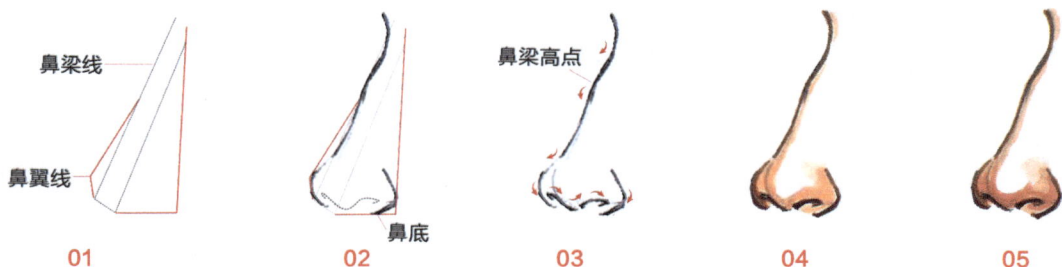

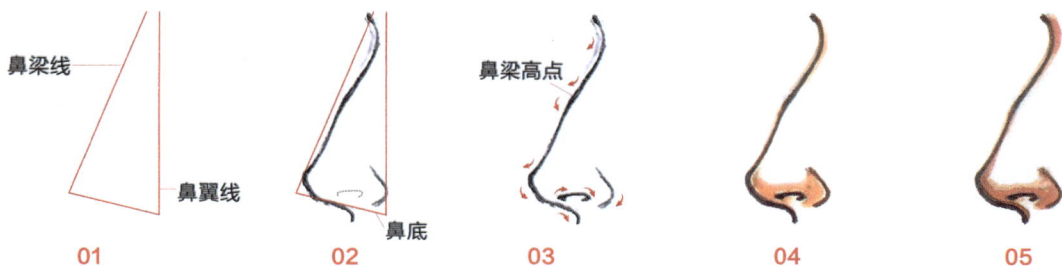

鼻梁线

鼻翼线

鼻梁高点

鼻底

01　　　　02　　　　03　　　　04　　　　05

侧面鼻子画法和上色步骤

鼻梁线

鼻翼线

鼻梁高点

鼻底

01　　　　02　　　　03　　　　04　　　　05

时装画中鼻子的其他常用表现案例

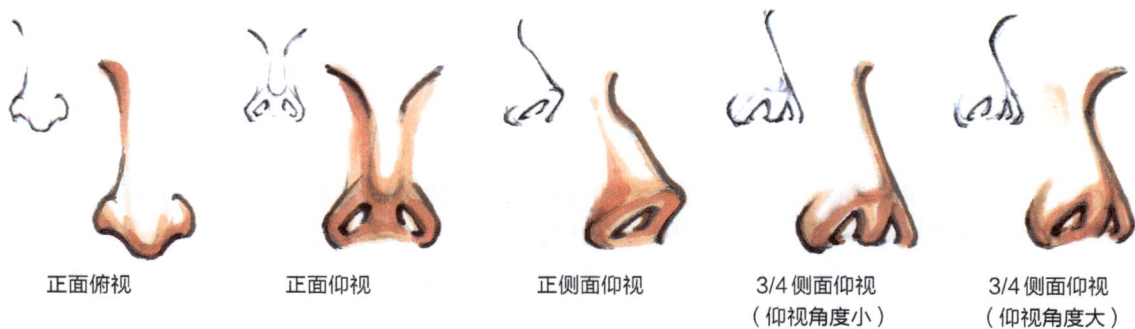

正面俯视　　　　正面仰视　　　　正侧面仰视　　　　3/4侧面仰视　　　　3/4侧面仰视
　　　　　　　　　　　　　　　　　　　　　　　　　（仰视角度小）　　　（仰视角度大）

◎ 嘴唇

嘴唇是脸部另一个重要的组成部分，眼睛和嘴唇都是脸部绘制的重点，通过不同颜色的嘴唇搭配不同的眼部妆容，是时装画中最常用的表现方法。性感、可爱和腼腆等感觉都可以通过嘴唇的变化来表达。

正面嘴唇画法和上色步骤

01 绘制一个矩形，用十字中线确认唇珠的位置，然后绘制闭合线。注意唇谷线条的起伏形状。

02 继续绘制辅助线，确认唇峰的宽度和下唇底的宽度。嘴型因人而异，案例中的唇峰宽度=1/2下唇底宽度。

03 用26#马克笔平涂出嘴唇底色。

04 用红色马克笔填充上下唇，然后用纤维笔绘制出唇纹，注意留出高光。

05 用深一号的红色马克笔细头绘制暗部阴影。

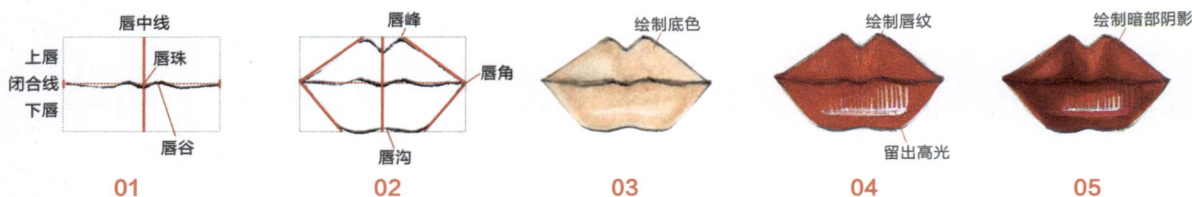

唇中线　唇峰　绘制底色　绘制唇纹　绘制暗部阴影
上唇　唇珠
闭合线
下唇　唇角
唇谷　唇沟　留出高光

01　02　03　04　05

半侧面嘴唇画法和上色步骤

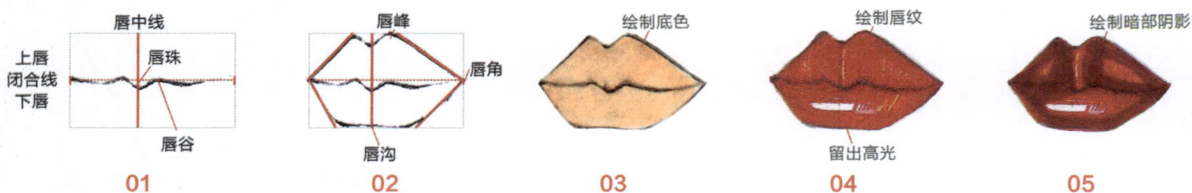

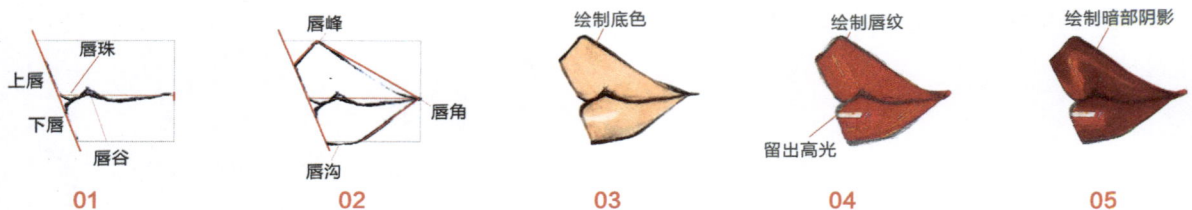

唇中线　唇峰　绘制底色　绘制唇纹　绘制暗部阴影
上唇　唇珠
闭合线
下唇　唇角
唇谷　唇沟　留出高光

01　02　03　04　05

侧面嘴唇画法和上色步骤

唇峰　绘制底色　绘制唇纹　绘制暗部阴影
唇珠
上唇
下唇　唇角
唇谷　唇沟　留出高光

01　02　03　04　05

总结： 嘴唇与眼睛的透视规律类似，在绘制嘴唇时，受嘴唇结构的影响，唇中线、唇峰和唇沟的线条可以适当加深，唇边线可以弱化。当非常熟悉嘴唇结构后，在绘制草图时可以省略唇边线，直接上色，这样嘴唇的边缘看起来会更加柔和。绘制嘴唇时，一般上唇较薄，下唇较为饱满。嘴唇的上色手法基本一致，可以举一反三，绘制自己喜爱的嘴唇颜色，只要区分好明暗关系，留出高光即可。

时装画嘴唇的常用表现案例

在时装画表现中除了上面学习的3种嘴唇画法外，模特也常习惯以嘴巴微张的方式来表达性感、时尚和张力的感觉。而仰视更能表达出骄傲、帅气感。

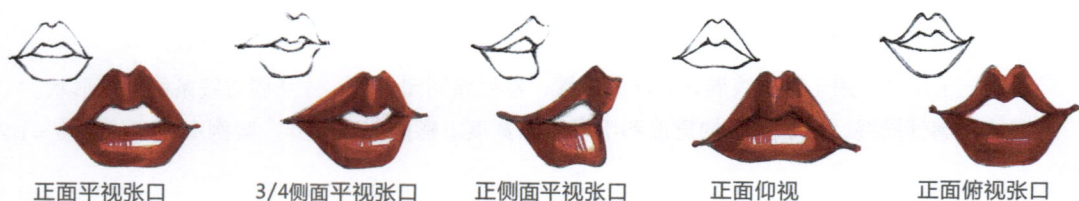

正面平视张口　3/4侧面平视张口　正侧面平视张口　正面仰视　正面俯视张口

◎ 耳朵

耳朵在时装画表现中和鼻子一样都是次要的，在绘制时只需要表现出大概轮廓即可。

01 绘制耳朵的大概辅助框架，从下图中可以观察到耳朵正面时是最宽大的，耳朵侧面是最窄的。根据辅助线绘制耳朵轮廓。

02 绘制耳朵结构，先绘制耳轮线，再绘制耳屏和耳甲腔。耳朵正面时弧度最大，耳屏面积也最大；半侧面时弧度减小，耳屏面积减小，耳甲腔弧线大；侧面时耳轮线被耳骨遮盖住一部分，耳屏最窄。

03 完善耳朵结构线，绘制三角窝、耳舟和对耳轮。注意耳朵结构之间的线条弧度变化。

04 用26#马克笔的宽头平涂耳朵底色，留出高光。由于耳朵凹凸明显，因此会留下明显高光。

05 用25#马克笔的细头绘制暗部阴影，然后用棕色纤维笔勾线。

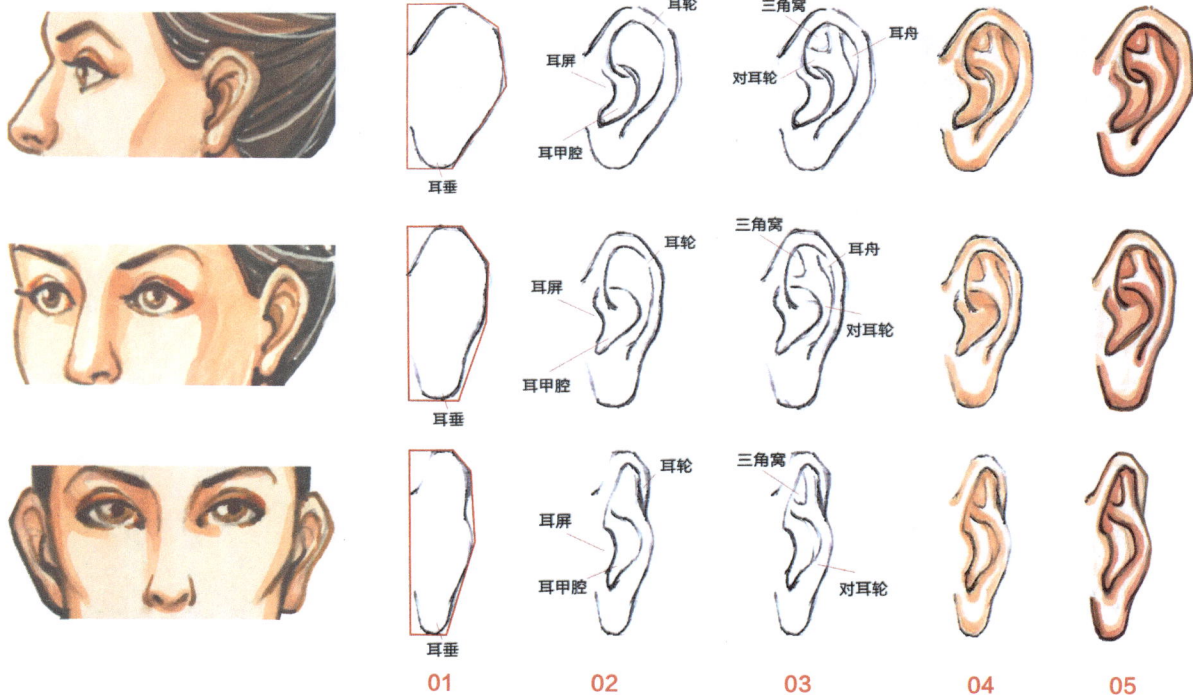

01　　**02**　　**03**　　**04**　　**05**

其他角度耳朵表现案例

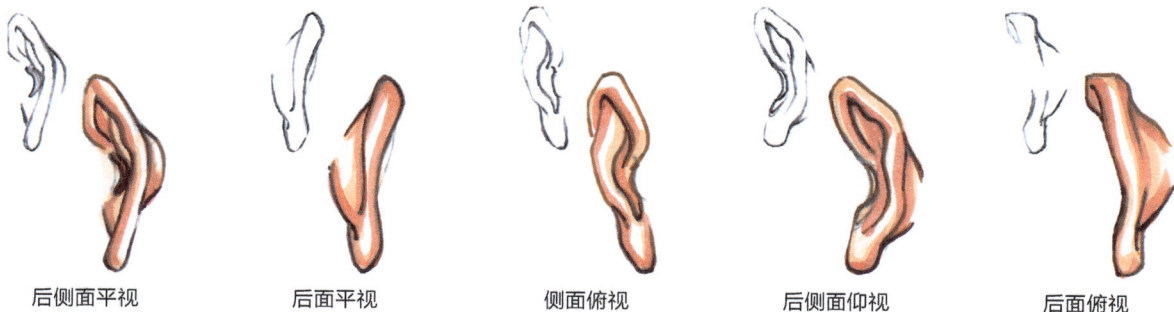

后侧面平视　　后面平视　　侧面俯视　　后侧面仰视　　后面俯视

2.2.3 头部的画法

◎ 脸部

脸部正面画法与上色步骤

01 用铅笔起稿。画法参考前文所讲的"三庭五眼"的比例关系。

02 用26#马克笔的宽头平涂一层底色，保留眼白部分。

03 用25#马克笔的细头绘制阴影，包括眉弓、鼻梁、鼻底、颧骨和脖子暗面的阴影。

04 用深一号的肤色加重眉弓、鼻底、颧骨和脖子处的阴影，使其更有层次感。

05 用浅棕色纤维笔勾线，完善眼睛虹膜高光的绘制。

06 用深棕色纤维笔加重眉毛、眼线和下巴等暗部转折的位置。

07 用红色纤维笔绘制嘴唇和眼影，注意留出高光。然后用黑色防水笔勾线，加重暗部轮廓。

08 最后完善头发。然后用高光笔提亮头发、颧骨和鼻梁等突出的位置。

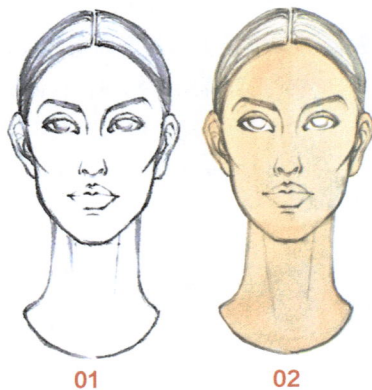

01　02

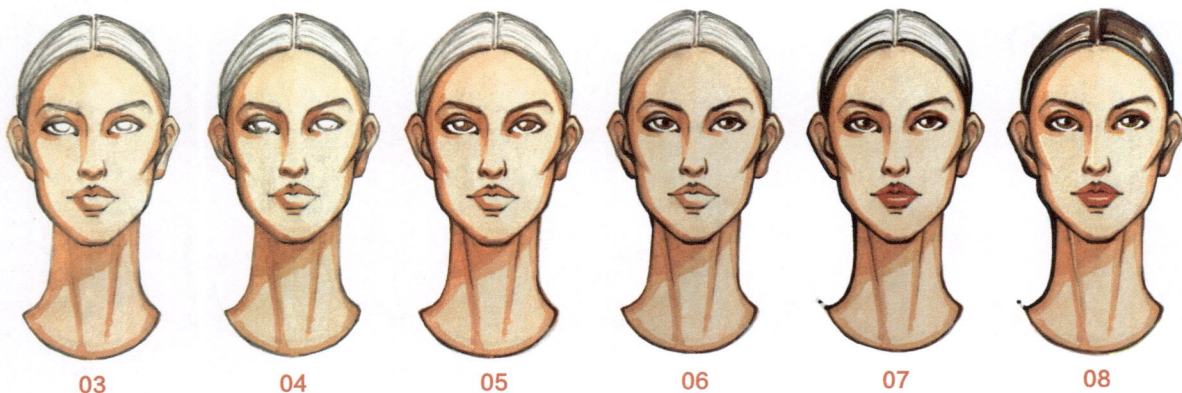

03　04　05　06　07　08

脸部半侧面画法与上色

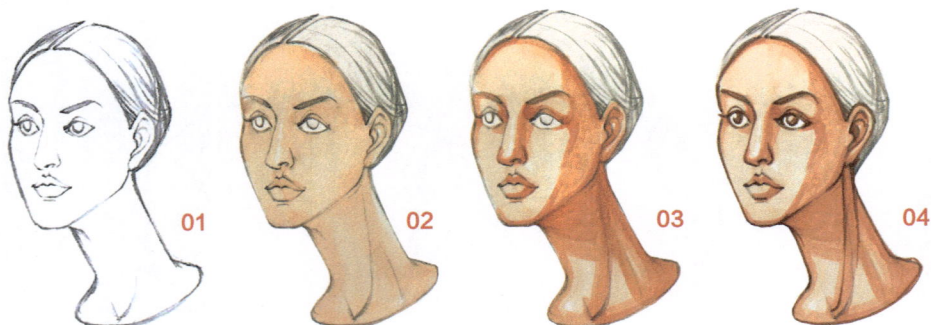

01　02　03　04

05　06　07

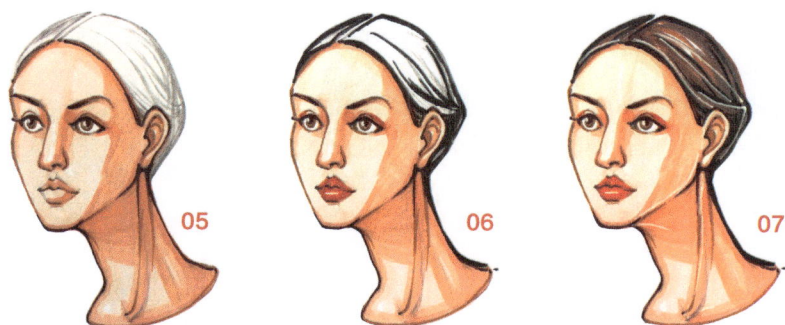

脸部侧面画法与上色

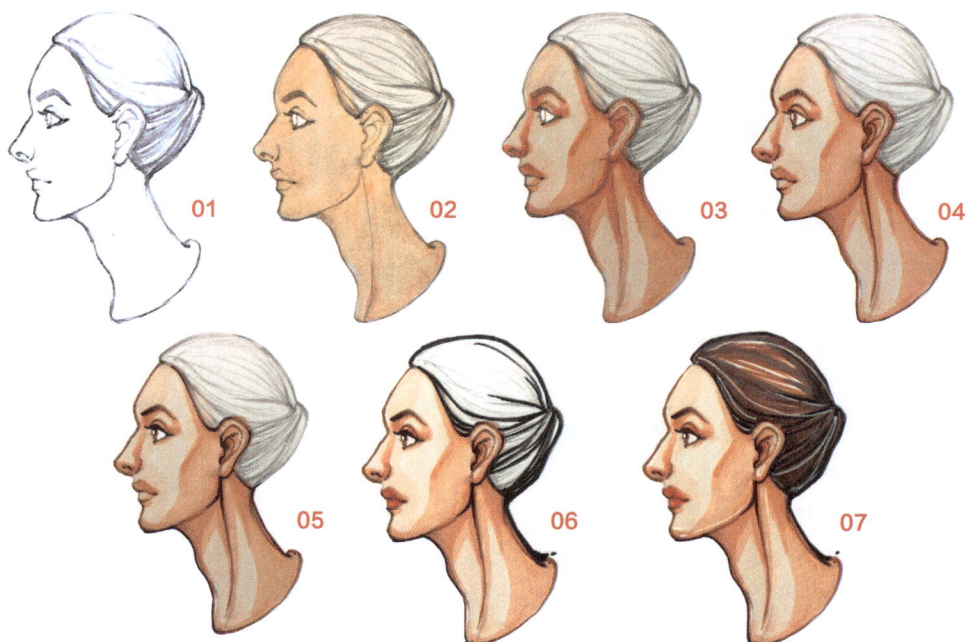

01　02　03　04

05　06　07

脸部表现案例

不同色号的马克笔搭配，表现出来的肤色也是不同的，读者可以根据自己想要呈现的肤色来自由搭配。

133#底色
140#阴影

131#底色
133#阴影

131#底色
139#阴影

27#底色
133#阴影

27#底色
29#阴影

E11#底色
E21#阴影

27#底色
25#阴影

132#底色
133#阴影

E00#底色
E11#阴影

26#底色
25#阴影

◎ 妆容

<u>日常妆容画法与上色步骤</u>

01 用铅笔起稿。

02 用27#马克笔的宽头绘制皮肤底色，注意眼睛留白。

03 用139#马克笔的细头绘制皮肤暗部的颜色，包括眉弓、鼻梁、鼻底、颧骨和脖子的暗面。

04 用浅棕色纤维笔勾线，确定脸部轮廓，然后绘制眉毛和虹膜的颜色。

05 用深棕色纤维笔强调暗部线条。然后绘制瞳孔颜色，并将眉毛颜色加重，接着用黑色勾线笔确定头部轮廓。

06 用粉色针管笔绘制唇色，注意留出高光。绘制的眼影颜色与唇色要相呼应。

01

02

03

04

05

06

<u>夸张妆容画法与上色步骤</u>

01 用铅笔起稿。

02 用27#马克笔的宽头绘制皮肤底色，注意眼睛留白。

03 用139#马克笔的细头绘制皮肤暗部的颜色，包括眉弓、鼻梁、鼻底、颧骨侧面、脖子和嘴唇的暗面。

04 用浅棕色纤维笔勾线，确定脸部轮廓，然后绘制眉毛。

05 用深棕色纤维笔绘制眉毛，然后用浅粉色马克笔的细头绘制虹膜底色，接着用深红色纤维笔绘制瞳孔的颜色，最后用黑色勾线笔确定头部轮廓。

06 用深红色针管笔绘制唇色，注意留出高光。

07 绘制出浓重的深色眼影，增强眼睫毛的厚重感，让妆容更有魅力。

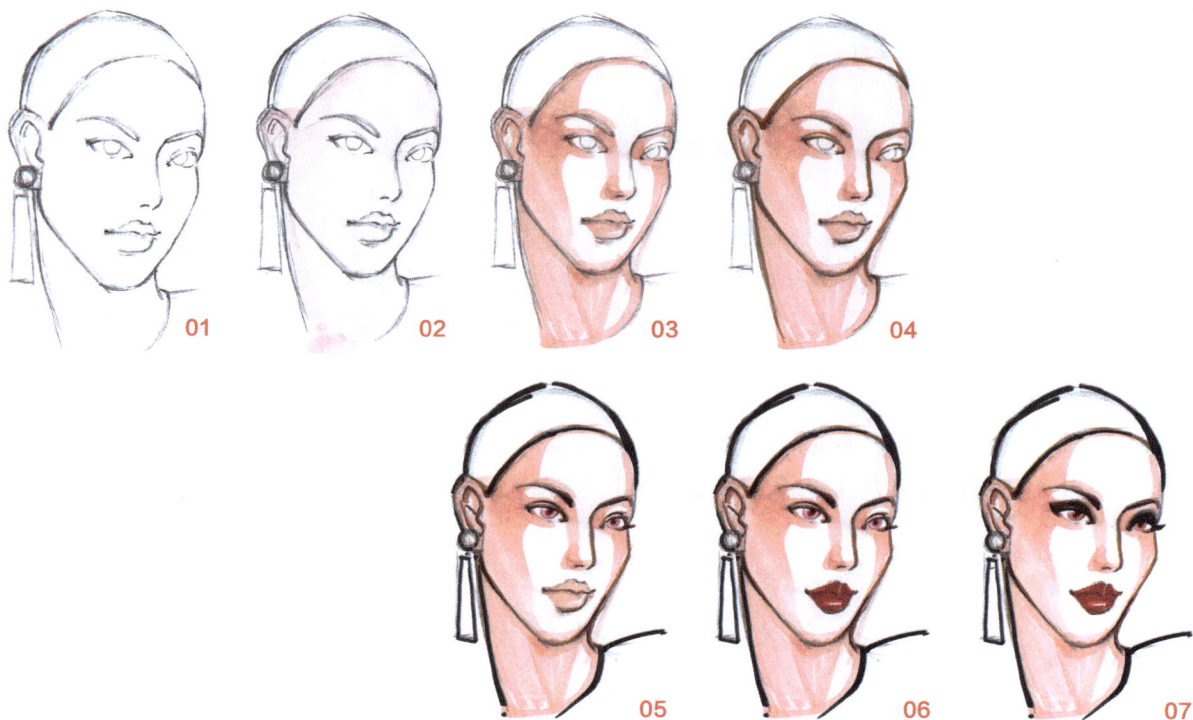

01

02

03

04

05

06

07

妆容表现案例

马克笔时装画表现中，妆容通常多体现在眼妆和唇色上，读者可根据自己的想法绘制妆容，确定瞳孔的颜色，达到画面统一。

2.2.4 发型的画法

卷发画法与上色步骤

01 用铅笔绘制线稿，把头发整体的大轮廓画出来。

02 沿着发丝走向细分几组头发。

03 擦去多余的线条。由于马克笔的颜色具有透明性，因此需要将不需要的线条擦去，避免把画面弄脏。

04 按头发分组的走向绘制头发底色，绘制时注意保留缝隙，头顶和卷发起伏部分要留白。

05 使用对比明显的同色系颜色叠加绘制头发暗部，头发一般只需要叠加2~3层即可富有层次感。头发的暗部方向应和脸部暗面一致，靠近脸部、脖子和耳朵处的颜色较深。

06 用同色系针管笔绘制发丝，增强画面细节和体积感，发丝画得越蓬松，体积感越强。

07 用黑色勾线笔勾线，强调头发的大轮廓。

08 用高光笔强调头发的几条大轮廓，让头发更具光泽感。使用高光笔时不能画太多线条，否则会让画面失去层次感。

01　　　　02　　　　03　　　　04

05　　　　06　　　　07　　　　08

直发画法与上色步骤

01 用铅笔绘制线稿，把头发整体的大轮廓画出来。由于受肩部的支撑，因此靠近肩部的头发有一定弧度，切忌把头发画得笔直，不然看起来会很呆板。

02 沿着发丝走向把头发分组，擦去多余的线条。

03 按头发分组的走向绘制头发底色，绘制时注意保留缝隙部分的留白。

04 叠加2~3层头发暗部的颜色。靠近脸部、耳朵边上、脖子暗面处的头发颜色最为明显，需要重点强调。

05 用黑色勾线笔勾线，确定头发的大轮廓。

06 用同色系纤维笔绘制发丝，增强体积感。细画发梢，丰富细节。

07 绘制高光，增强光泽感。

01	02	03

04	05	06	07

辫子画法与上色步骤

01 用铅笔绘制线稿，把头发整体的大轮廓画出来。由于头发处于捆绑的状态，会形成块面，因此辫子体积应由大到小递减。

02 加强辫子编发处的发丝线条。

03 沿着辫子的起伏绘制头发底色，注意留出缝隙，辫子起伏处注意留白。

04 绘制头发的暗部阴影，将耳朵、脖子周围的阴影加深，辫子编发处的颜色需要加重强调。

05 用黑色勾线笔勾线，强调编发处的线条。

06 用同色系纤维笔绘制发丝。在辫子轮廓处绘制一些发丝增强辫子的体积感和蓬松感，继续强调编发处的发丝，注意编发处头发的松紧变化。

07 完善头发细节。绘制高光，增强光泽感。

01 02 03 04 05 06 07

发型表现案例

知识拓展——头部与配饰

眼镜和头巾绘制步骤

01 先用铅笔绘制出头部和五官，整体造型为头巾包裹着头部和颈部，注意包裹的形状和颈部的褶皱。然后绘制出眼镜的轮廓。

02 绘制皮肤的颜色，用27#马克笔绘制底色，然后用139#马克笔绘制皮肤的阴影。

03 用纤维笔绘制皮肤轮廓。

04 用黑色勾线笔确定配饰轮廓。

05 绘制头巾上印花的颜色，以及镜框和镜片的颜色。

06 完善妆容，然后绘制镜框和镜片的反光色，接着继续绘制头巾上印花的颜色。

07 用高光笔绘制镜框上的珠饰，完善头巾细节。

08 绘制整体高光，提亮头巾，并表现出眼镜的反光感。

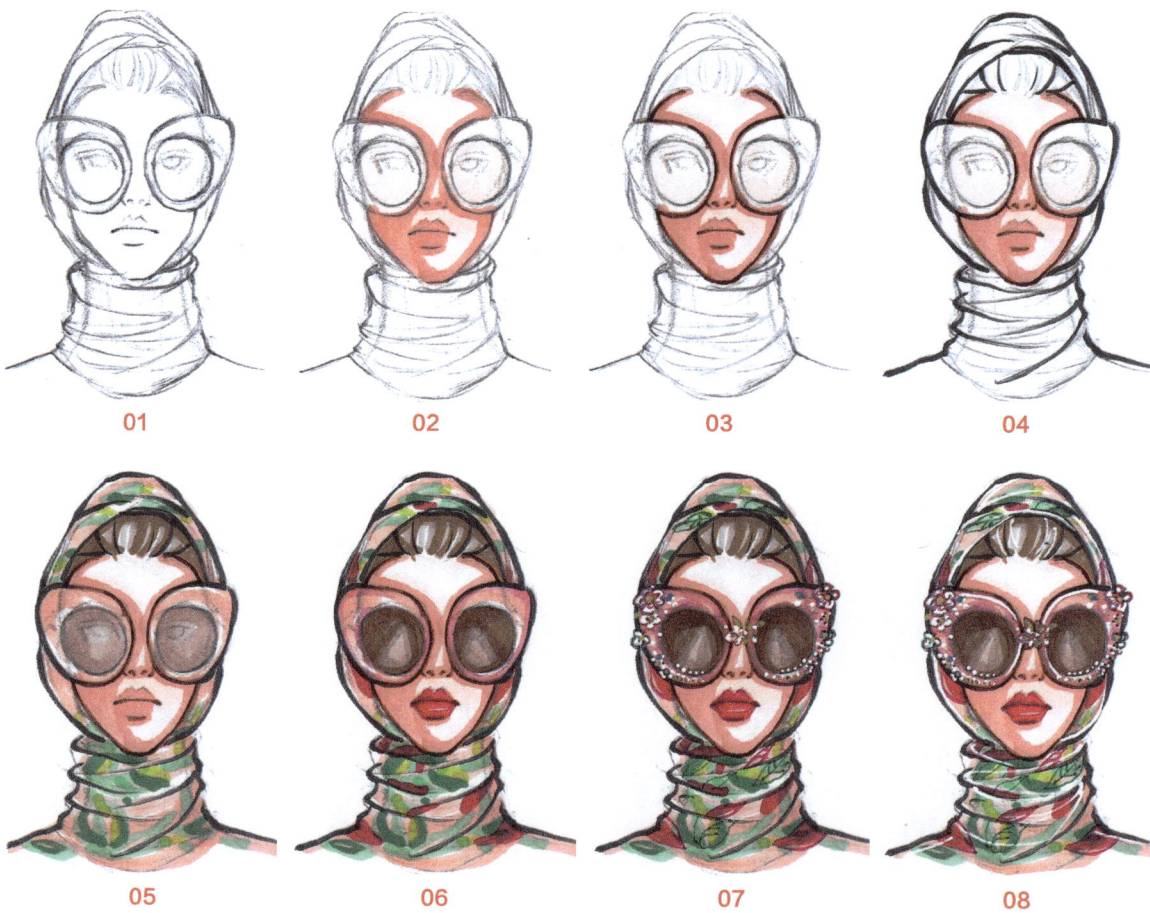

01　　　　　02　　　　　03　　　　　04

05　　　　　06　　　　　07　　　　　08

珠宝首饰绘制步骤

01 先用铅笔起稿，绘制出头部和五官。然后绘制珠宝大致的形状，不需要特别精细，表现出整体造型即可。

02 绘制皮肤的颜色，用27#马克笔绘制底色，然后用139#马克笔绘制皮肤的阴影。

03 用纤维笔绘制皮肤轮廓。

04 用黑色勾线笔确定整体轮廓。

05 用浅色的马克笔绘制底色，绿色为珠宝，黄色为皇冠金属色。

06 用深一号的马克笔叠加珠宝和金属的颜色，采用垂直点点的方式用笔，露出底下的颜色，增强画面的立体感。

07 用最深的绿色以点点的方式用笔，增强珠宝的立体切面感。

08 用浅棕色纤维笔绘制出珠宝的细节。

09 用高光笔绘制珠宝高光，提亮整体光泽。

01

02

03

04

05

06

07

08

09

帽子绘制步骤

01 先用铅笔起稿，绘制出头部和五官。然后绘制帽子的造型轮廓。

02 绘制皮肤的颜色，用27#马克笔绘制底色，然后用139#马克笔绘制皮肤的阴影。

03 用纤维笔绘制皮肤轮廓。

04 用黑色勾线笔确定整体轮廓。

05 用WG5#马克笔绘制帽子底色，然后用WG3#马克笔绘制丝带的阴影。

06 用WG9#马克笔绘制帽子的阴影。

07 用红色纤维笔完善妆容，然后用高光笔提亮高光。

01

02

03

04

05

06

07

头部与配饰表现案例

2.2.5 四肢的画法

◎ 手臂

在绘制手臂时，可以把它分为上臂、手肘关节、下臂和手掌4个部分。上臂与下臂比例相等，在绘制时需要注意的是，手臂的线条不能画得太直，不然会显得很僵硬。手臂其实是有微妙的曲线变化的，不妨观察感受一下自己的手臂变化，有助于更好地理解手臂的画法。

手臂画法与上色步骤

01 借助几何体绘制手臂辅助线。注意上臂长与下臂长相等。

02 根据辅助线绘制手臂轮廓，并完善细节，如手指、指甲和肘窝。

03 用马克笔绘制皮肤底色。

04 用深一号的肤色叠加手臂暗部阴影处的颜色。关节转折处的阴影较为明显，需要加深，如手指缝、手腕、手肘和肘窝处。

05 用黑色勾线笔绘制手臂暗部的线条，然后用浅棕色纤维笔绘制手臂受光处的线条，以及手指关节和指甲。

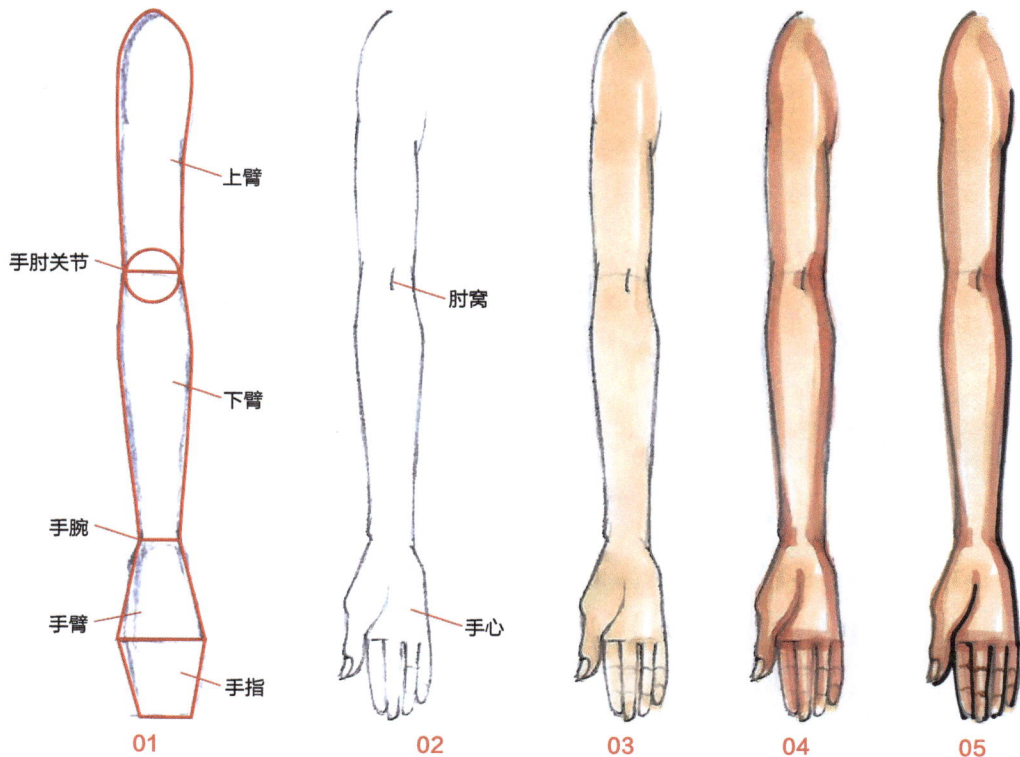

上臂

手肘关节

下臂

手腕

手臂

手指

肘窝

手心

01   02   03   04   05

时装画常用手臂案例

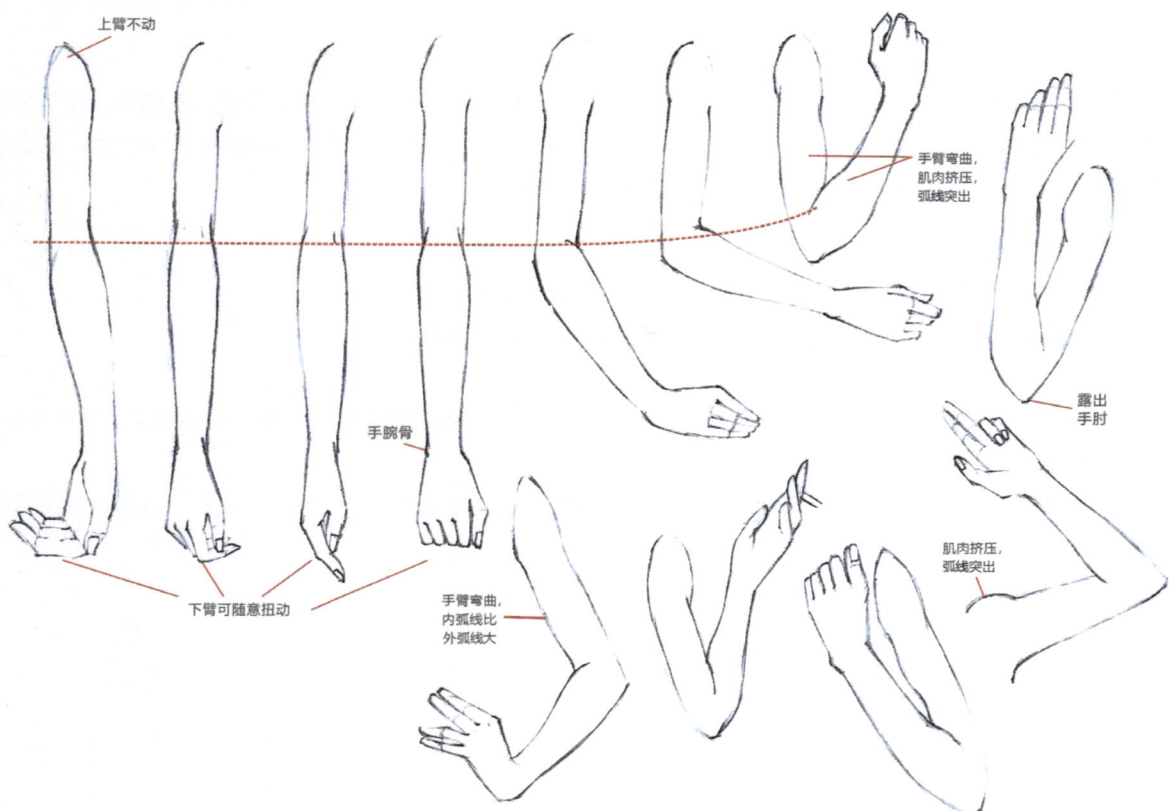

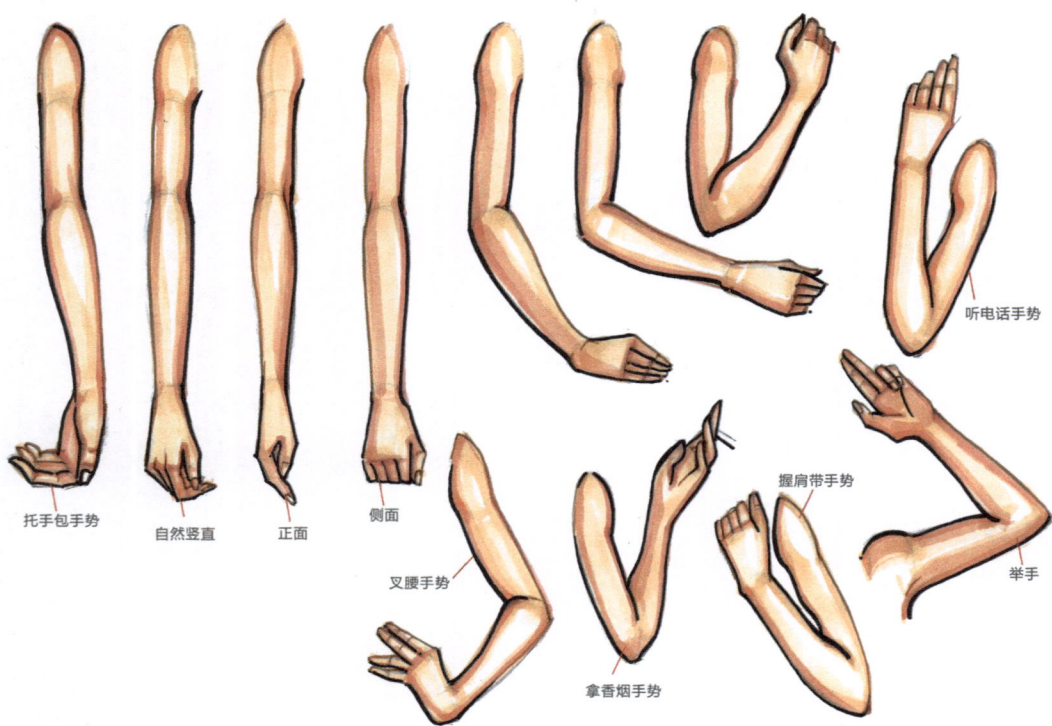

上臂不动

手臂弯曲，
肌肉挤压，
弧线突出

露出
手肘

手腕骨

下臂可随意扭动

肌肉挤压，
弧线突出

手臂弯曲，
内弧线比
外弧线大

托手包手势

自然竖直

正面

侧面

叉腰手势

拿香烟手势

听电话手势

握肩带手势

举手

◎ 手部

在绘制手部时，可以把它分成手背、手指和大拇指3个部分。在时装画中，手指可以适当加长，让手看起来更加修长、纤细。手背和手指长度基本相同，需要重点注意的是，很多人会忽略手背的体积，直接将手指和手背连接起来，没有立体感。拇指的活动范围是相对独立的，所以在绘制时要注意拇指的位置和比例。

手部画法与上色步骤

01 绘制手的大概轮廓。

02 绘制辅助线，确定关节的比例。第1节最短，第2节适中，第3节最长。

03 确定手指的宽度。小指最瘦小，食指、中指和无名指的宽度差不多。

04 根据辅助线完善关节处的轮廓，然后画出指甲。注意关节处突出的线条。

05 用马克笔绘制皮肤底色。

06 用马克笔绘制皮肤阴影，主要体现在关节处和手指指缝。

07 用黑色勾线笔绘制暗部轮廓，受光处和细节处用浅棕色纤维笔勾线。

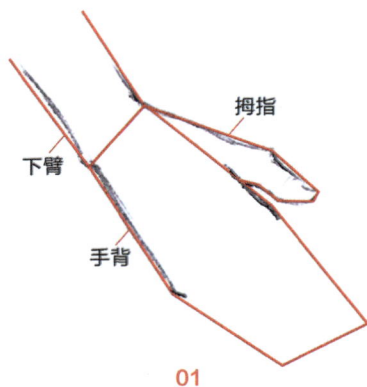

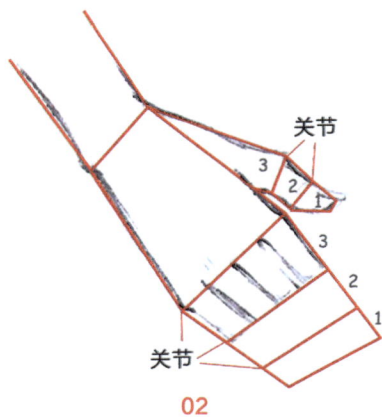

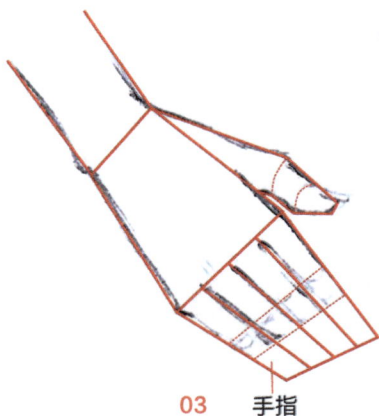

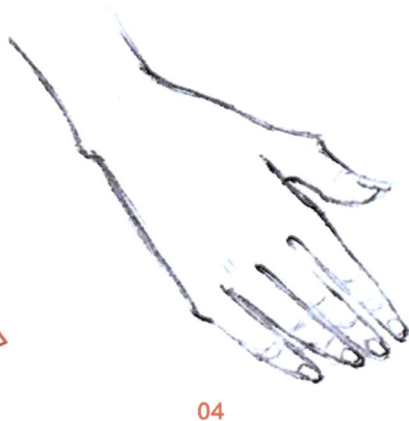

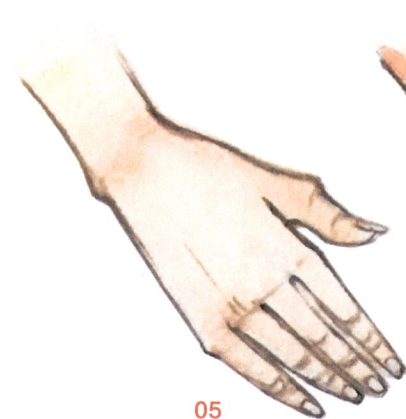

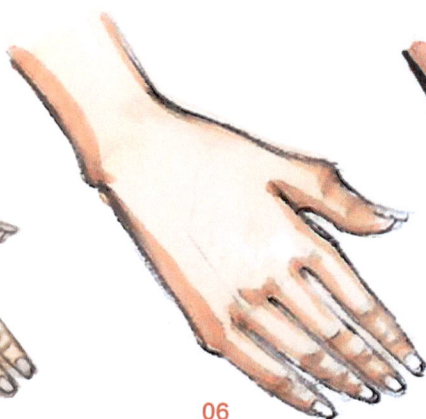

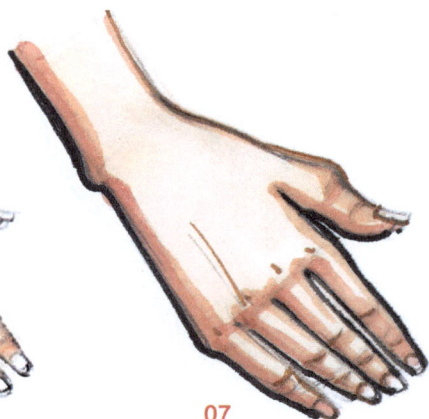

拇指

下臂

手背

01

关节

关节

02

手指

03

04

05

06

07

时装画常用手部案例

重点：需要注意手腕、手背、手掌和手指关节的转折和比例关系。

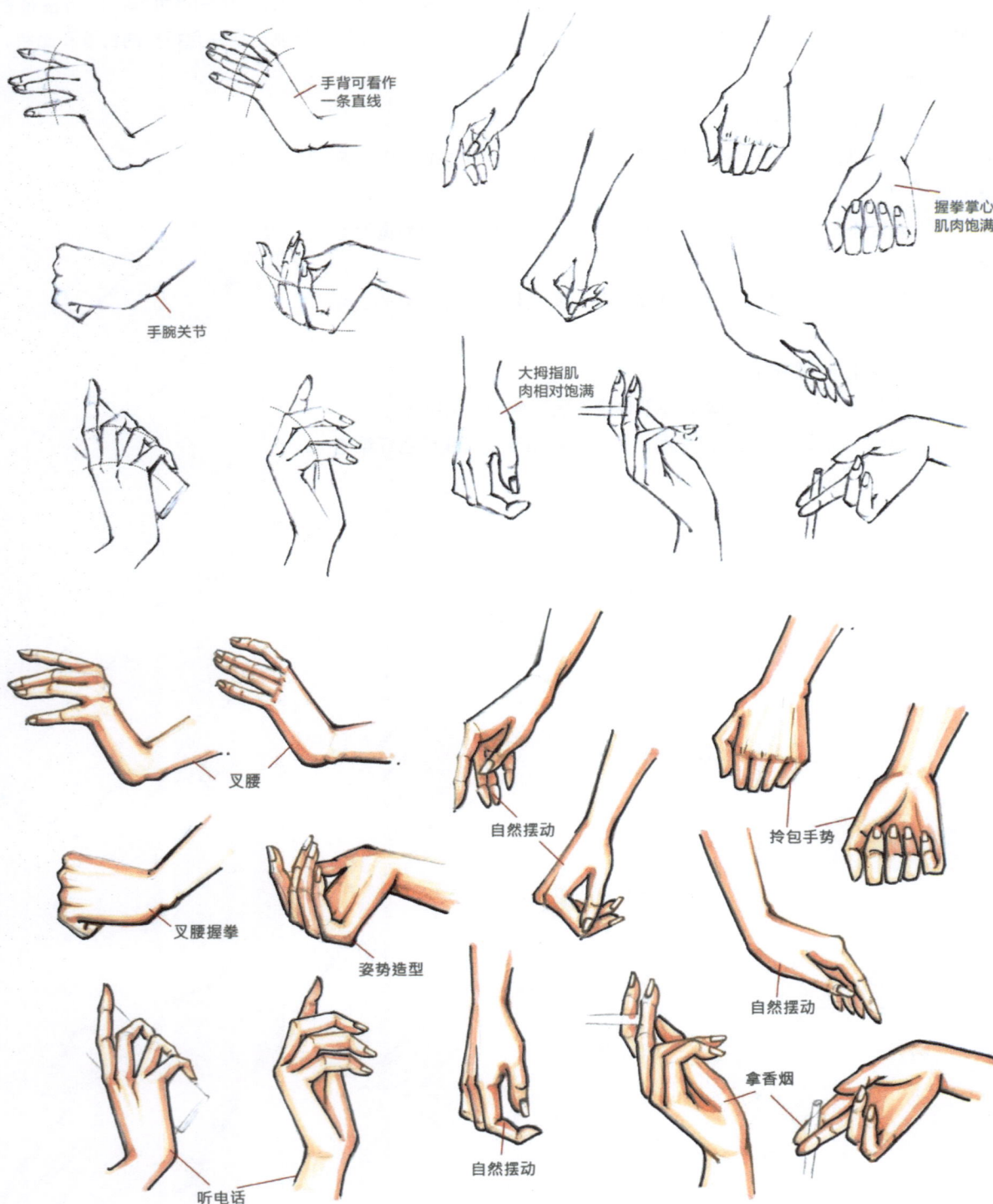

手背可看作一条直线

握拳掌心肌肉饱满

手腕关节

大拇指肌肉相对饱满

叉腰

自然摆动

拎包手势

叉腰握拳

姿势造型

自然摆动

听电话

自然摆动

拿香烟

知识拓展——手部与配饰

包的表现步骤

01 先用铅笔起稿，绘制出包的轮廓和细小的部件。

02 用黑色勾线笔确定包的轮廓。

03 用41#马克笔绘制包的底色和金属扣的颜色，然后绘制织带的颜色。

04 用41#马克笔的宽头以不同切角叠加绘制出鳄鱼皮纹理。

05 用101#马克笔绘制出包和金属扣的阴影。

06 用高光笔提亮皮包的光泽和金属扣的反光。

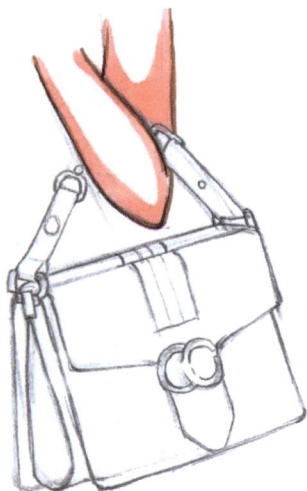

01

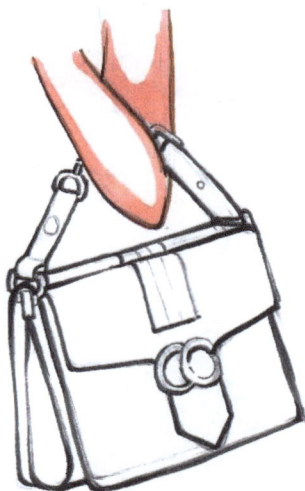

02

03

04

05

06

See
u
later

◎ 腿部

腿部的绘制可以分成大腿、膝关节、小腿3个部分。在绘制时要注意大腿和小腿的衔接、腿部的曲线，以及关节曲线的凹凸。和手臂一样，大腿和小腿的长度基本相同。腿部的曲线和比例在时装画中起了重要的作用，不仅能够表现性感，更能拉长整体比例。

腿部画法与上色步骤

01 借助几何体绘制腿部的辅助线，注意大腿长等于小腿长。

02 根据辅助线绘制腿部轮廓，注意各个关节弧线之间的比例及关系变化。

03 用马克笔绘制皮肤底色。

04 用深一号的肤色叠加出暗部阴影的颜色。关节转折处的阴影较为明显，如膝盖窝、脚踝和大腿内外侧。

05 用黑色勾线笔绘制腿部暗部的线条，然后用浅棕色纤维笔绘制腿部受光处的线条。

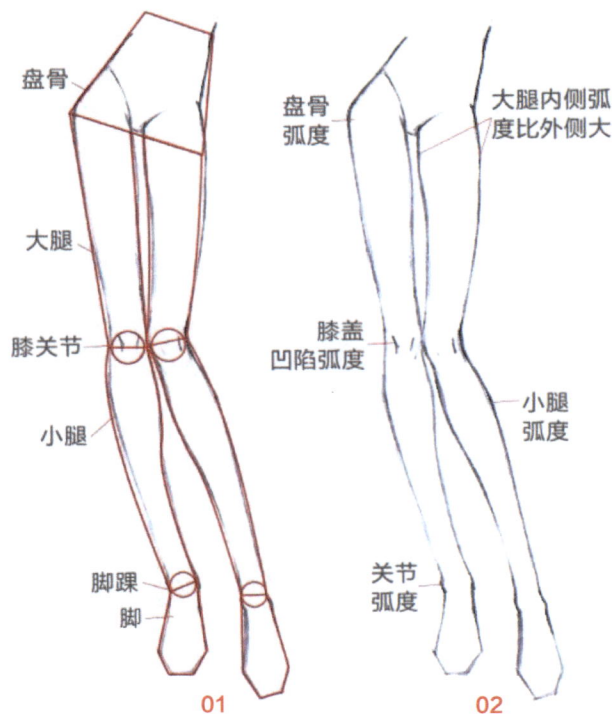

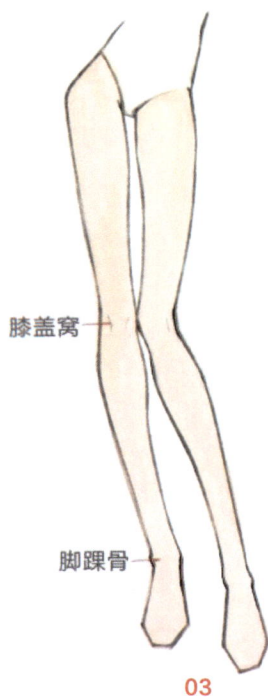

盘骨
大腿
膝关节
小腿
脚踝
脚

盘骨弧度
大腿内侧弧度比外侧大
膝盖凹陷弧度
小腿弧度
关节弧度

01

02

膝盖窝
脚踝骨

03

04

05

时装画常用腿部形态案例

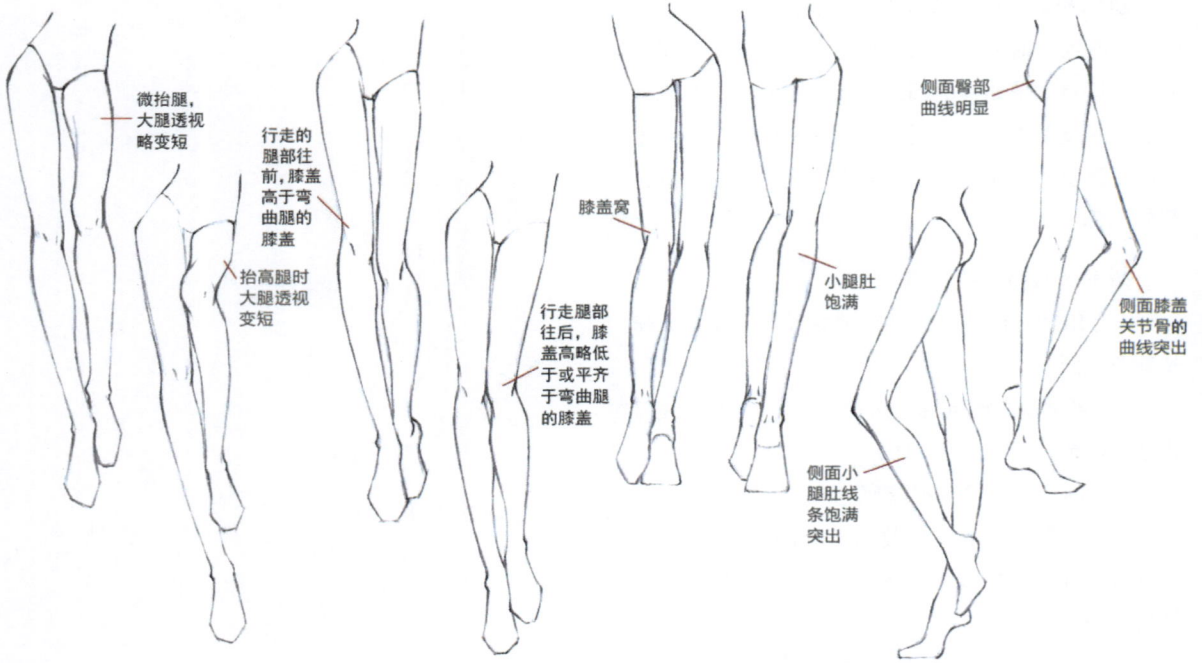

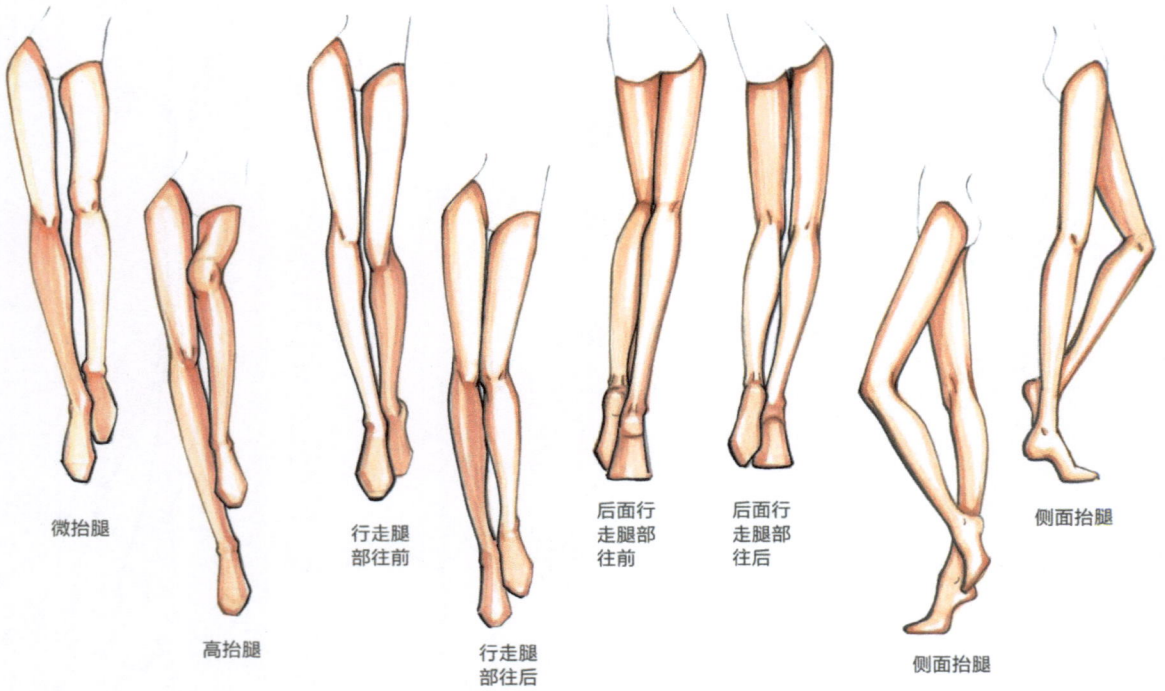

微抬腿，大腿透视略变短

行走的腿部往前，膝盖高于弯曲腿的膝盖

抬高腿时大腿透视变短

行走腿部往后，膝盖高略低于或平齐于弯曲腿的膝盖

膝盖窝

小腿肚饱满

侧面臀部曲线明显

侧面膝盖关节骨的曲线突出

侧面小腿肚线条饱满突出

微抬腿

高抬腿

行走腿部往前

行走腿部往后

后面行走腿部往前

后面行走腿部往后

侧面抬腿

侧面抬腿

◎ 脚部

绘制脚部时，可以把脚分成脚踝、脚背、脚后跟和脚趾4个部分。由于脚支撑着身体重量，因此脚掌会比较厚实，脚趾较粗。时装画中脚部通常会被鞋子遮盖一部分，掌握好脚部的比例关系，有助于在绘制鞋子时提升美感。绘制脚部时还应注意脚踝和脚后跟的比例关系。

脚部画法与上色步骤

01 借助几何体绘制脚的辅助线。

02 根据辅助线绘制脚的轮廓，完善脚趾的细节线条，注意脚踝的突出曲线。

03 用马克笔绘制皮肤底色。

04 用深一号的肤色叠加出暗部阴影的颜色，如脚趾趾缝、脚背两侧和脚踝的暗面。

05 用黑色勾线笔绘制脚部暗部的线条，然后用浅棕色针管笔绘制趾缝和指甲的细节线条。

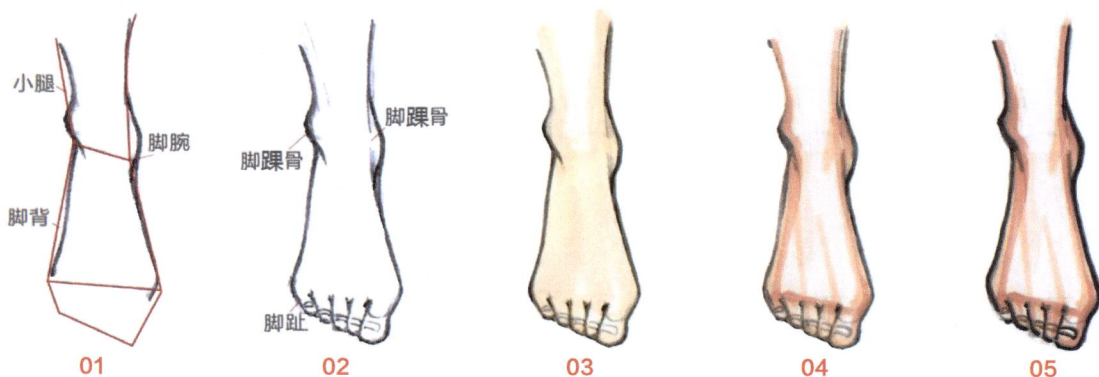

时装画常用脚部形态案例

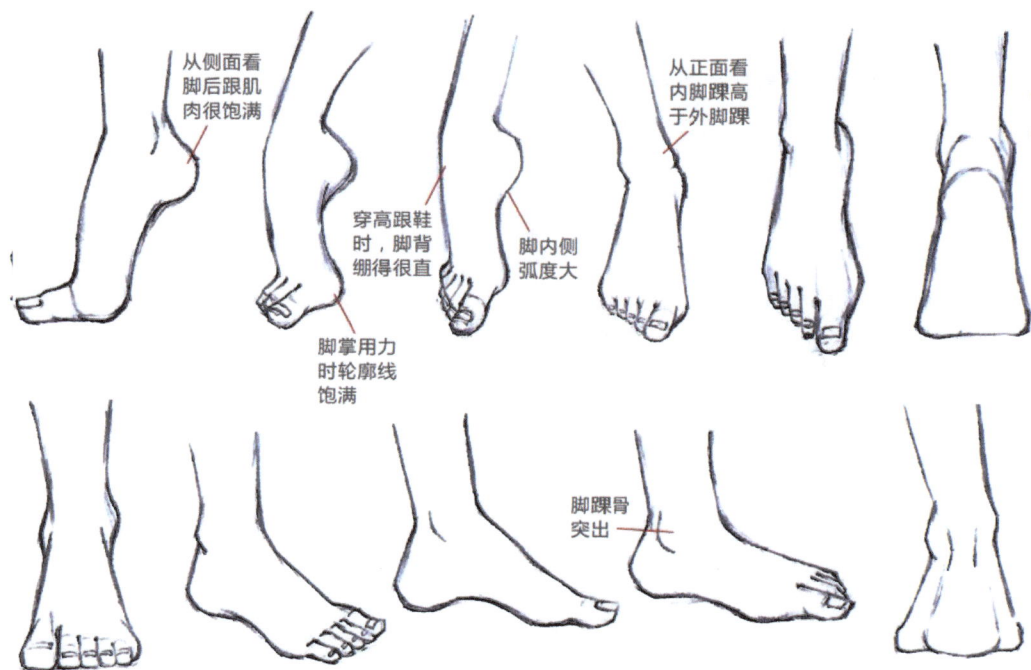

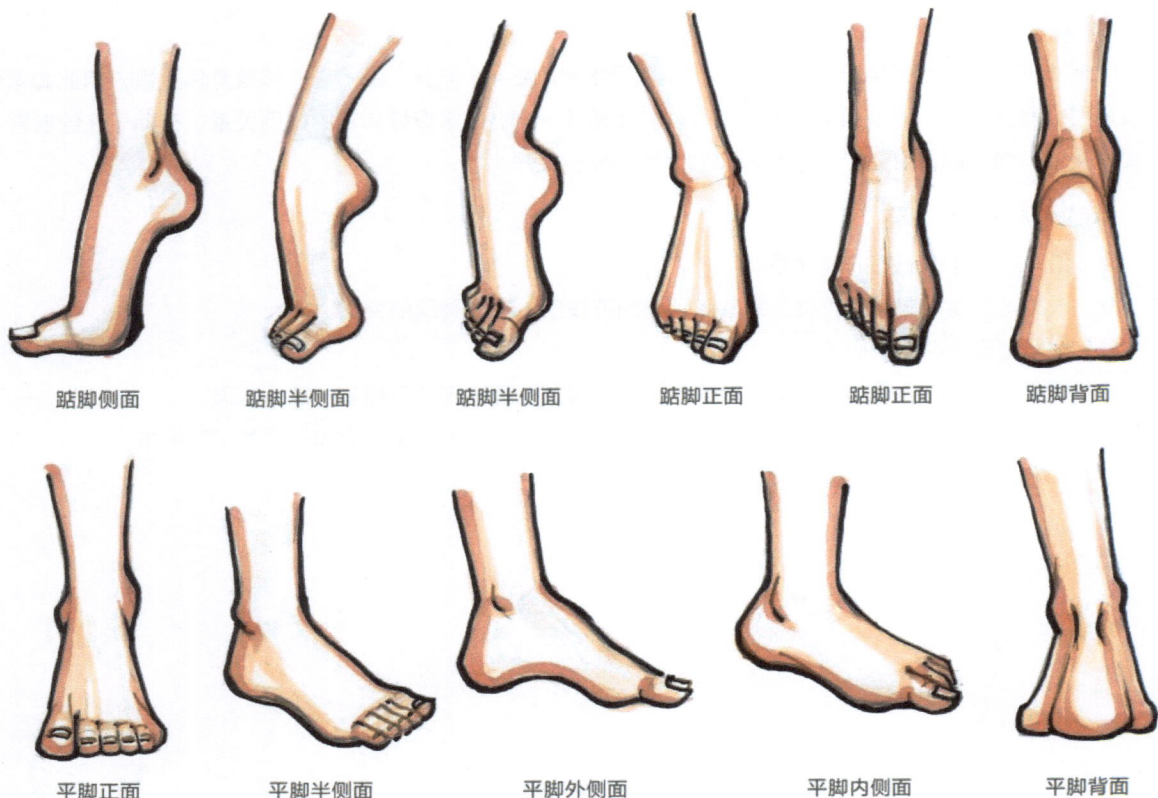

踮脚侧面　　踮脚半侧面　　踮脚半侧面　　踮脚正面　　踮脚正面　　踮脚背面

平脚正面　　　平脚半侧面　　　平脚外侧面　　　平脚内侧面　　　平脚背面

知识拓展——脚部与鞋子

脚部与鞋子的绘制步骤

01 先用铅笔起稿。本案例中为粗跟的鱼嘴高跟鞋，先绘制脚部形状，再根据脚部绘制鞋子轮廓。

02 绘制脚部肤色和皮肤轮廓。

03 用黑色勾线笔确定鞋子轮廓。

04 绘制鞋子的底色和金属扣的颜色。

05 用颜色深一些的马克笔绘制鞋子的阴影。本案例中的鞋子为天鹅绒材质，因此用0#马克笔刷了一层颜色来表现质感。

06 用高光笔绘制鞋子金属扣上的珠饰，提亮整体光泽。

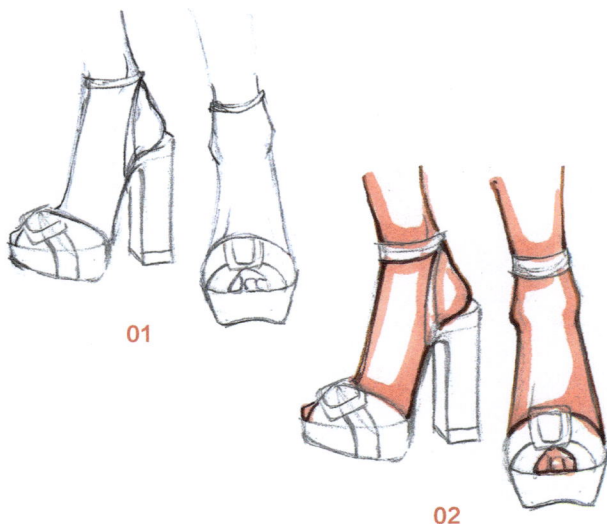

01

02

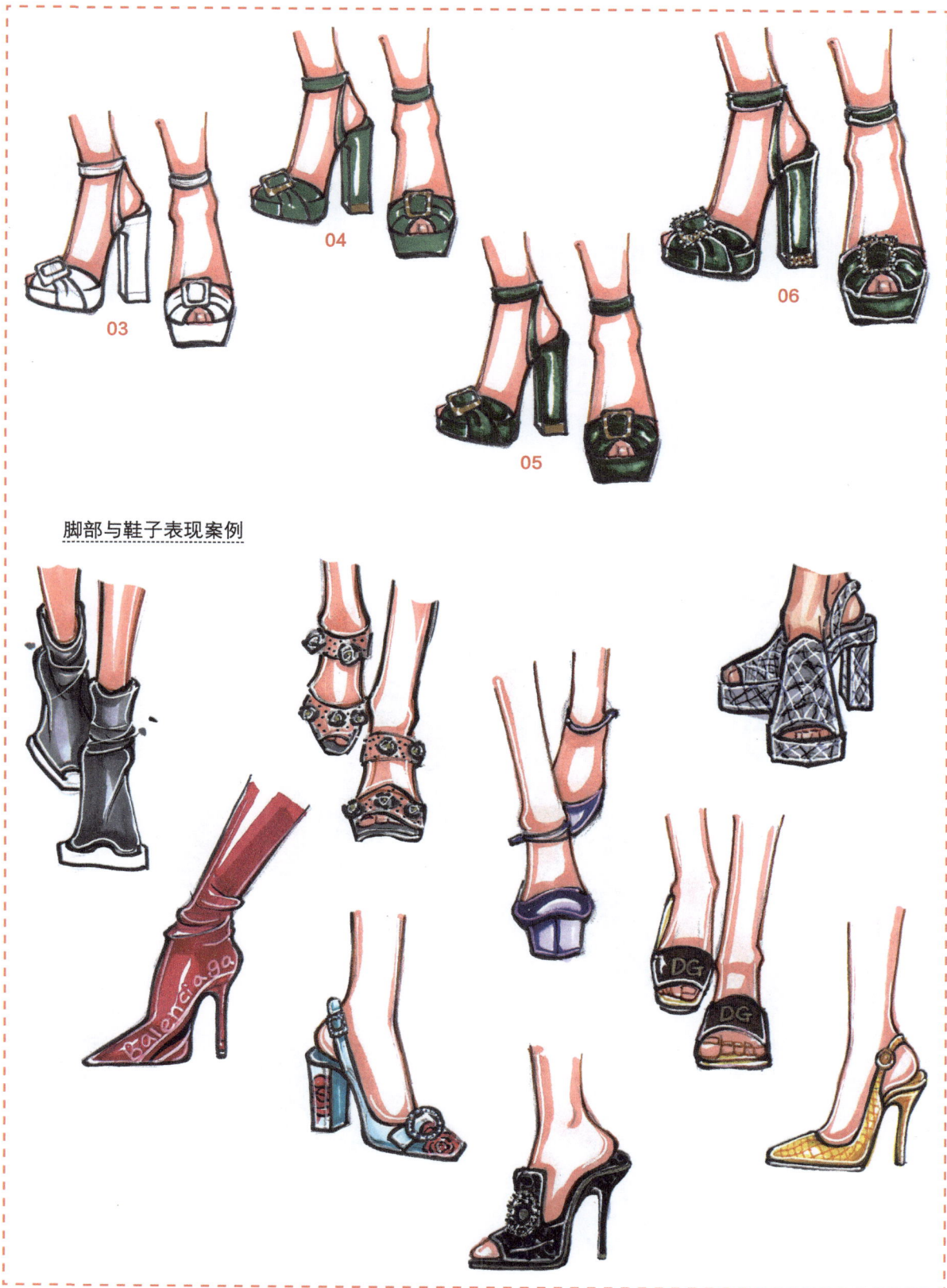

03

04

05

06

脚部与鞋子表现案例

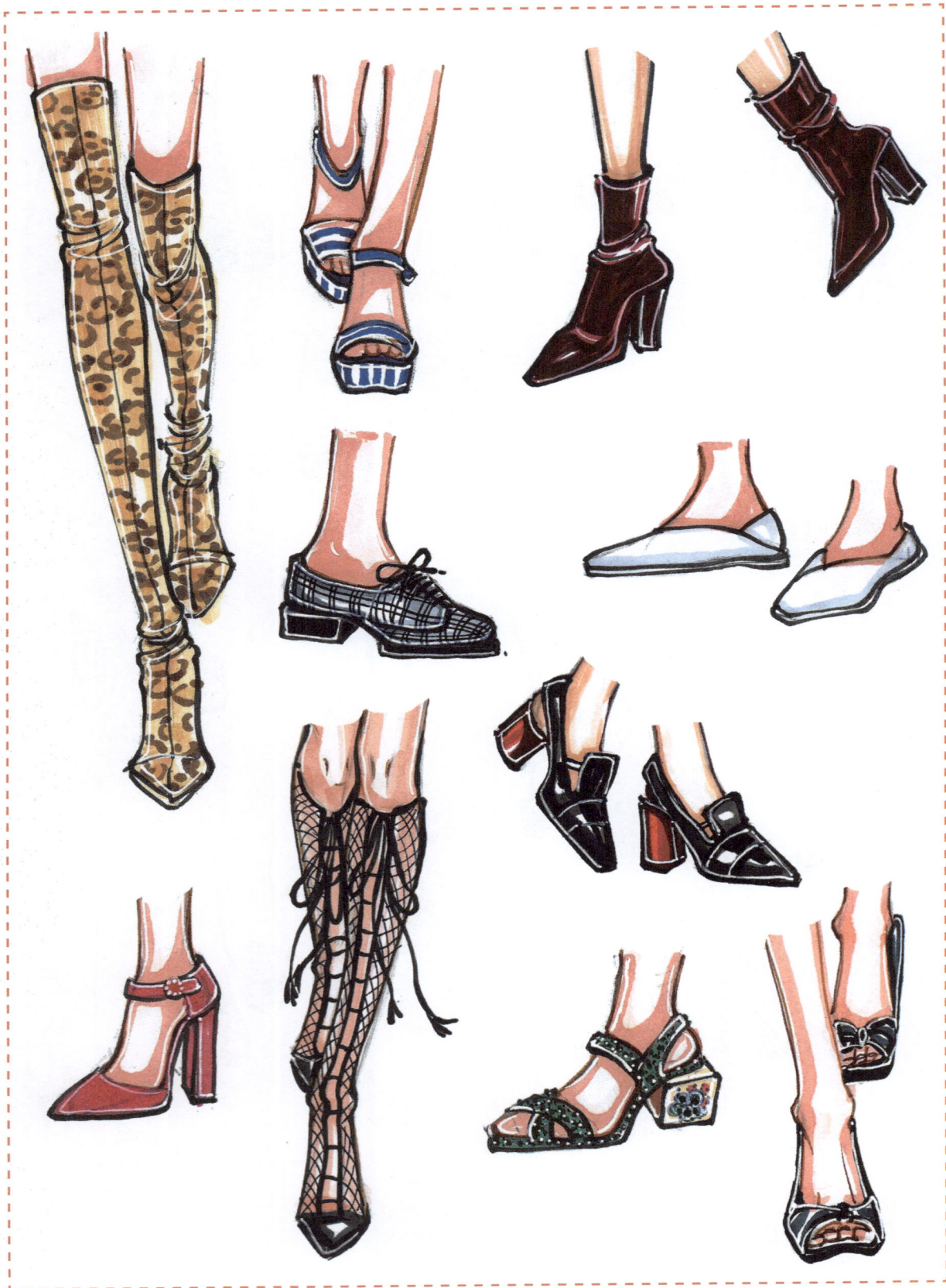

2.3 人体动态与节奏

2.3.1 体块

在一定程度上，身体的动态取决于躯干的动态。在绘制躯干时，可以简单地把它分成胸腔和盆腔两个部分。将其看作两个梯形体，两大体块间有一定距离，由脊柱支撑。

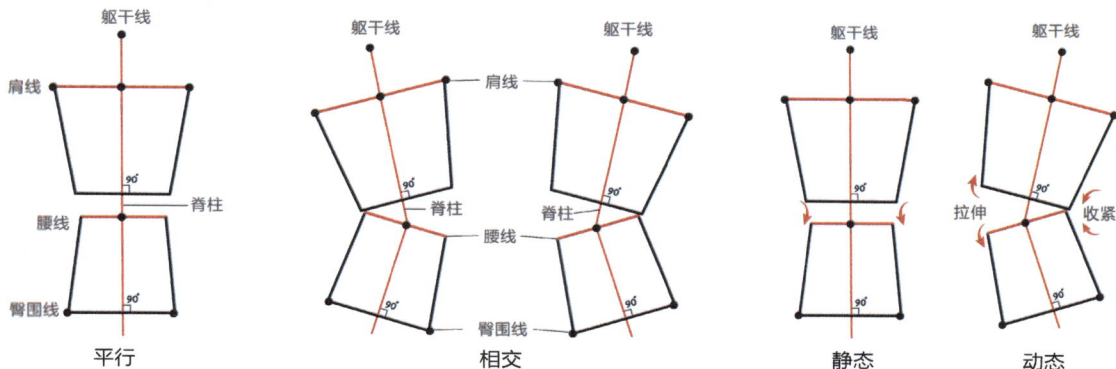

2.3.2 重心

重心是衡量人体平衡的基准。在绘制时可以用重心线来衡量人体的重心，以锁骨中点为基点的垂直线为重心线。静止站立时，人体重量平均分布在两腿上，体块达到平衡，此时重心在两脚之间。行走时，一条腿承受身体的重量，另一条腿处于放松状态，此时重心线处于支撑腿的脚踝上或脚踝附近。

静止站立时，重心线和人体中心线重合。行走时，重心线在人体中心线附近。倚靠时，受外力作用，重心线完全偏离人体中心线。

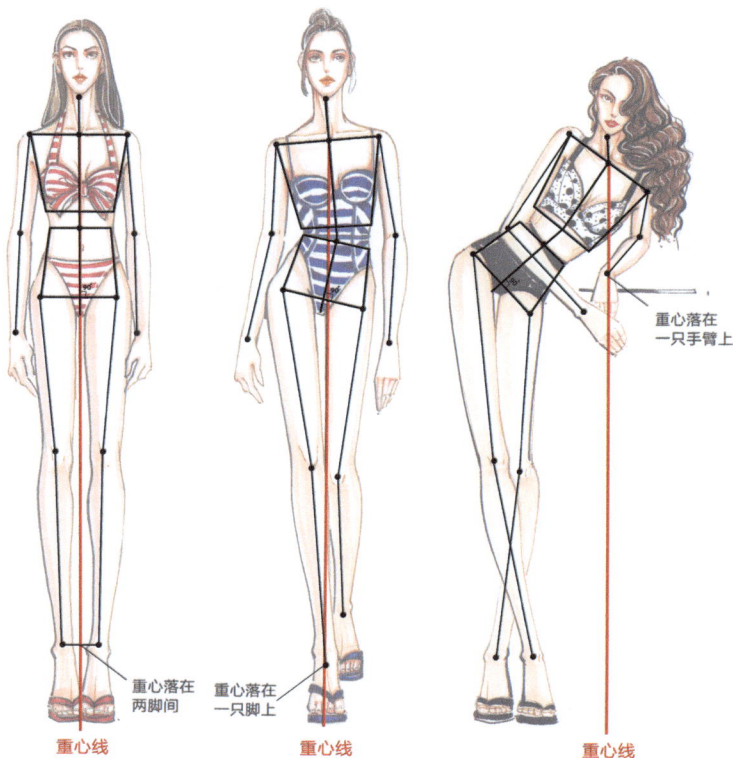

2.3.3 时装画中不同人体动态的表现

◎ 站姿

站姿是时装画中最常用的动态之一，它能最直观地展现服装的整体效果。

站姿绘制步骤

01 先绘制一条重心线，并将其平均分成9份，然后绘制肩线、腰线和臀围线的辅助线。

02 根据辅助线确定胸腔和盆腔的关系，然后绘制躯干的轮廓。

03 绘制一条动态参考线，根据参考线绘制重心所在的那条腿和脚。

04 确定了脚部重心后，根据姿势造型，绘制另一条辅助受力腿，以及手臂和手。

05 完善躯干参考线。

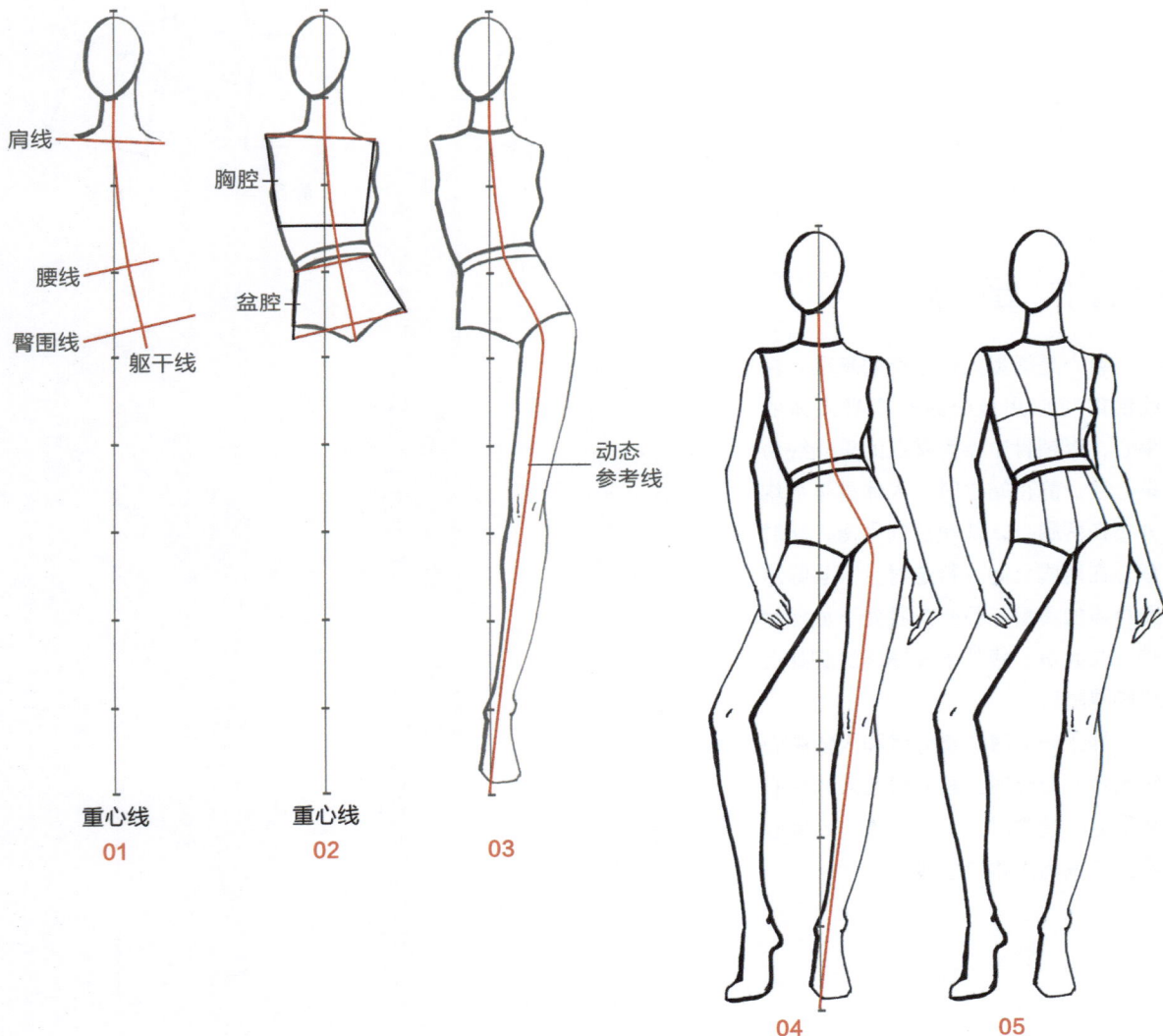

时装画常用站姿动态

◎ 走姿

行走时，胯部的摆动尤其明显，绘制时要注意把握重心。此时，重心主要落在一只脚上，另一只脚起辅助作用。展示服装时，服装有一部分会被遮挡，但相对于站姿更显生动。

走姿绘制步骤

01 先绘制一条重心线，并将其平均分成9份，然后绘制肩线、腰线和臀围线的辅助线。

02 根据辅助线确定胸腔和盆腔的关系，然后绘制躯干轮廓。

03 绘制一条动态参考线，根据参考线绘制重心所在的那条腿和脚。

04 确定了脚部重心后，根据姿势造型，绘制另一条辅助受力腿。由于行走时膝盖弯曲、脚抬起，因此要注意绘制时的透视关系。然后完善手臂和手。

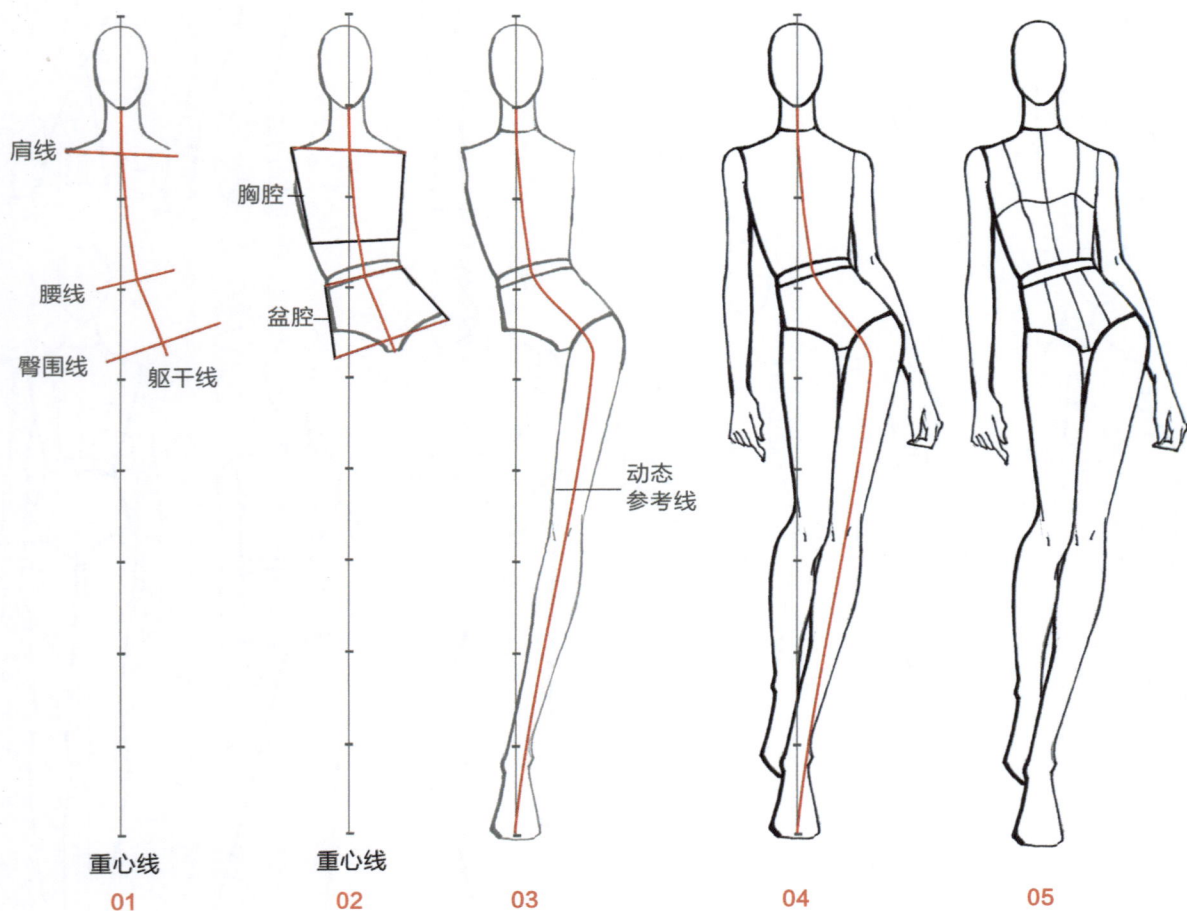

05 完善躯干参考线。

肩线

胸腔

腰线

盆腔

臀围线　　躯干线

动态参考线

重心线　　重心线

01　　02　　03　　04　　05

时装画常用走姿动态

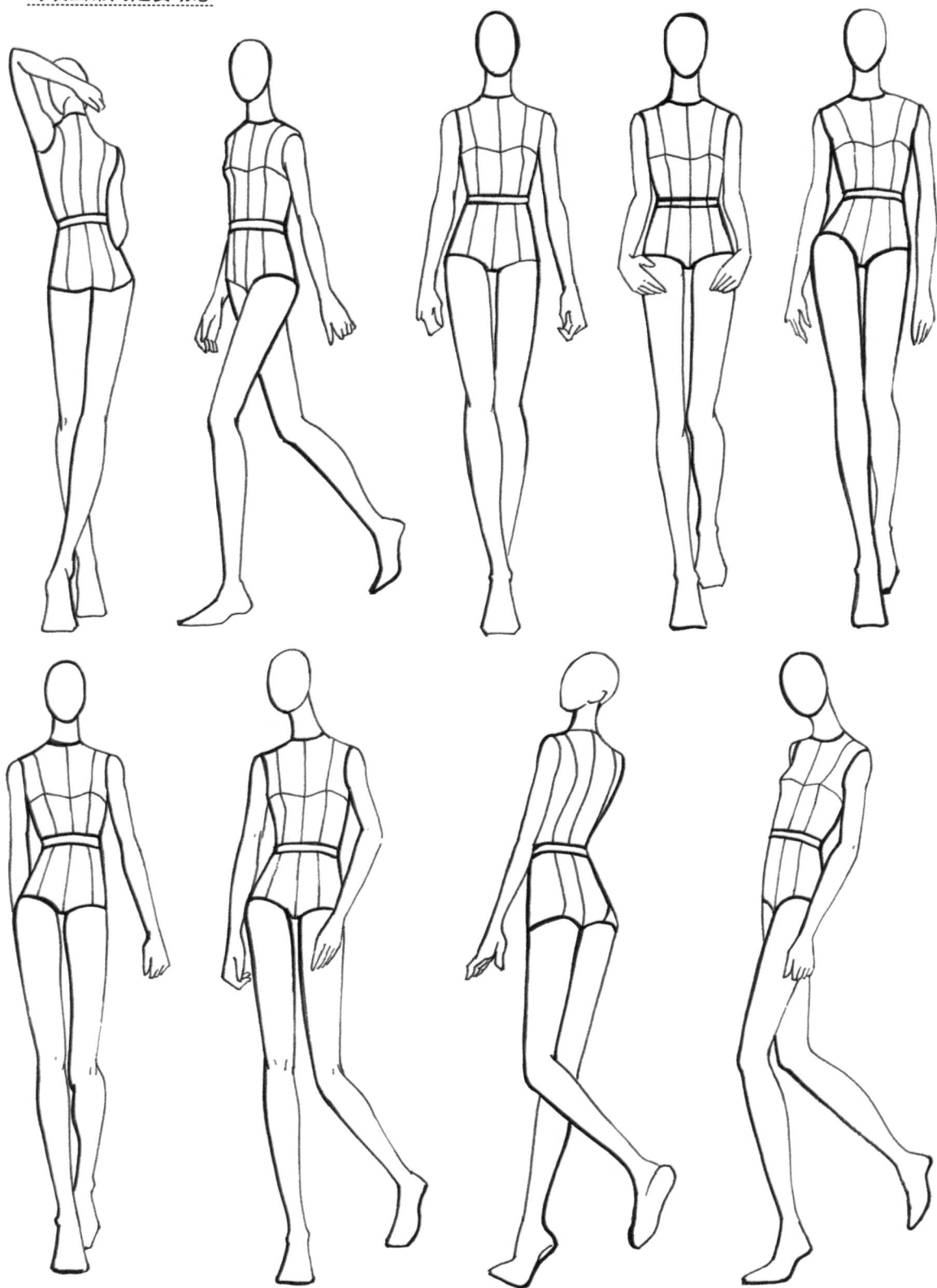

◎ 其他动态

坐姿、躺姿、倚靠和跪姿等动作较大的动态，由于其肢体动作变化较大，造型较夸张，不利于展示服装，因此在时装效果图中运用较少。它们夸张的动作展现的视觉冲击力强，张力十足，多运用于时尚插画。绘制此类动态时要注意身体与四肢的前后摆放关系，对透视比例的把握要求更高。为了更好地掌握这类动态，可以参考摄影、广告或时尚大片中的姿势。

坐姿绘制步骤

在时装画中，坐姿一般为6~7个头长，根据动态的造型而定。坐姿主要用于展示腿和脚的部分，适用于展示下肢动态、下摆细节和鞋子等。

01 先绘制一条重心线，本案例中为7头身，所以将重心线平均分成7份，然后绘制肩线、腰线和臀围线的辅助线。

02 根据辅助线确定胸腔和盆腔的关系，注意透视和侧面体积的厚度，然后绘制躯干轮廓。

03 擦去辅助线。由于坐姿受外力作用，因此可绘制一条动态参考线，完善腿和脚的绘制。

04 确定了重心后，根据姿势造型，绘制手臂和手。

05 完善躯干参考线。

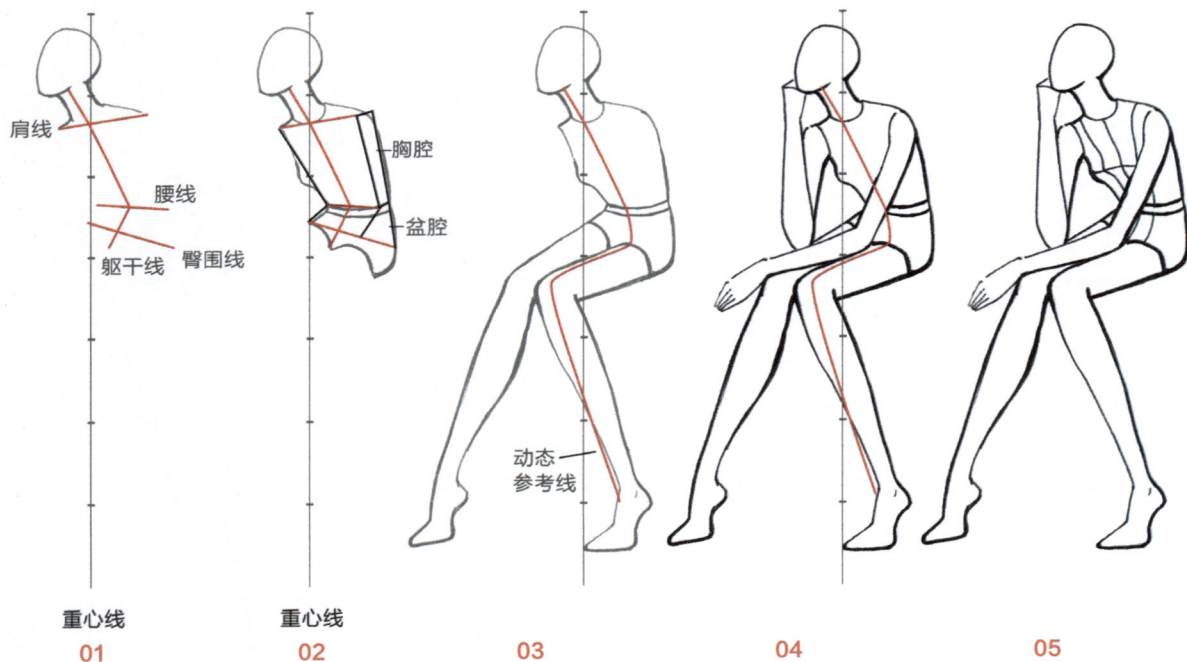

躺姿绘制步骤

躺姿的重心比例相当于2~3个头长，横向比例参考站立时的长度比例。躺姿线条柔美，姿态性感，适合展示有性感元素的泳装或其他个性服装。

01 先绘制一条重心线，将其平均分成两份，然后绘制肩线、腰线和臀围线的辅助线。

02 根据辅助线确定胸腔和盆腔的关系，注意表现上身扭动时侧面的体积感，然后根据辅助线绘制躯干轮廓。

03 绘制一条动态参考线，根据参考线绘制重心所在的那条腿和脚。

04 确定了重心后，根据姿势造型，绘制另一条辅助受力腿，绘制时注意透视关系。然后完善手臂和手。

05 完善躯干参考线。

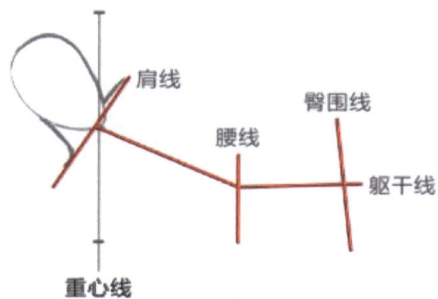

01

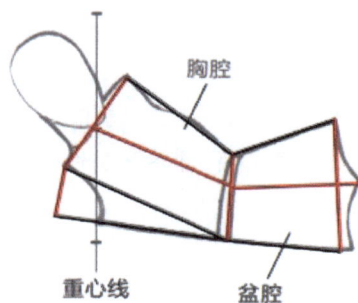

02

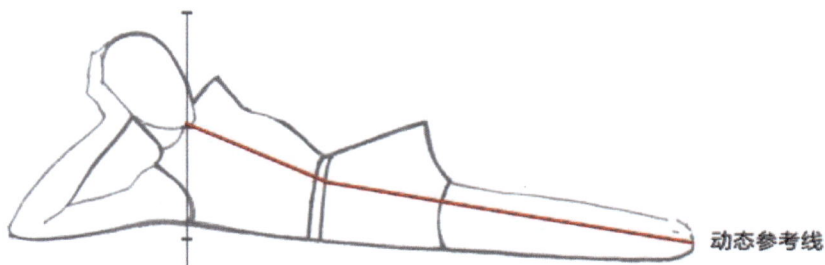

03

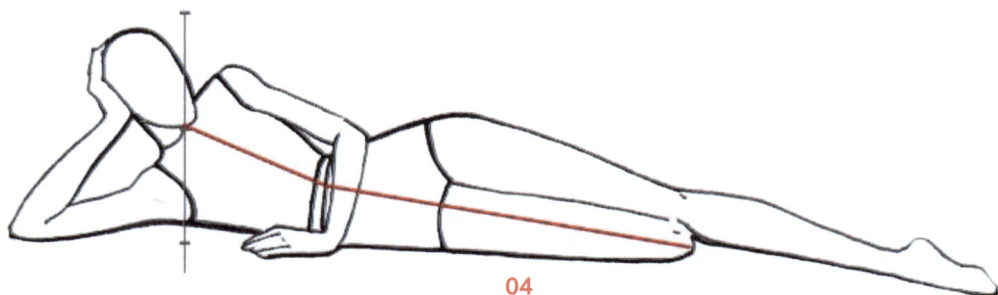

04

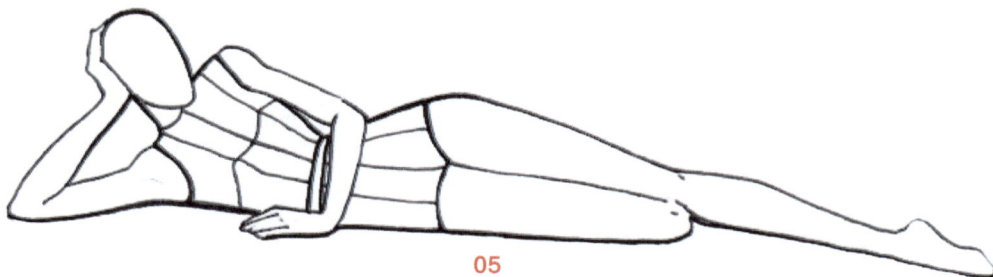

05

倚靠姿势绘制步骤

倚靠的动态也是很常见的。它分为站立倚靠、坐姿倚靠和躺姿倚靠。因此倚靠动态的比例多变，具体可参考站立、坐姿和躺姿的比例。倚靠的动态常用于摄影，适用于展现侧面或半侧面的服装效果。

01 先绘制一条重心线，将其平均分成7份，然后绘制肩线、腰线和臀围线的辅助线。

02 根据辅助线确定胸腔和盆腔的关系，注意表现上身扭动时侧面的体积感，然后根据辅助线绘制躯干的轮廓。

03 绘制一条动态参考线，根据参考线绘制腿部。由于受外力作用，因此重心主要分布在背部和肚脐处。

04 确定重心后，根据姿势造型，绘制手臂和手。

05 完善躯干参考线。

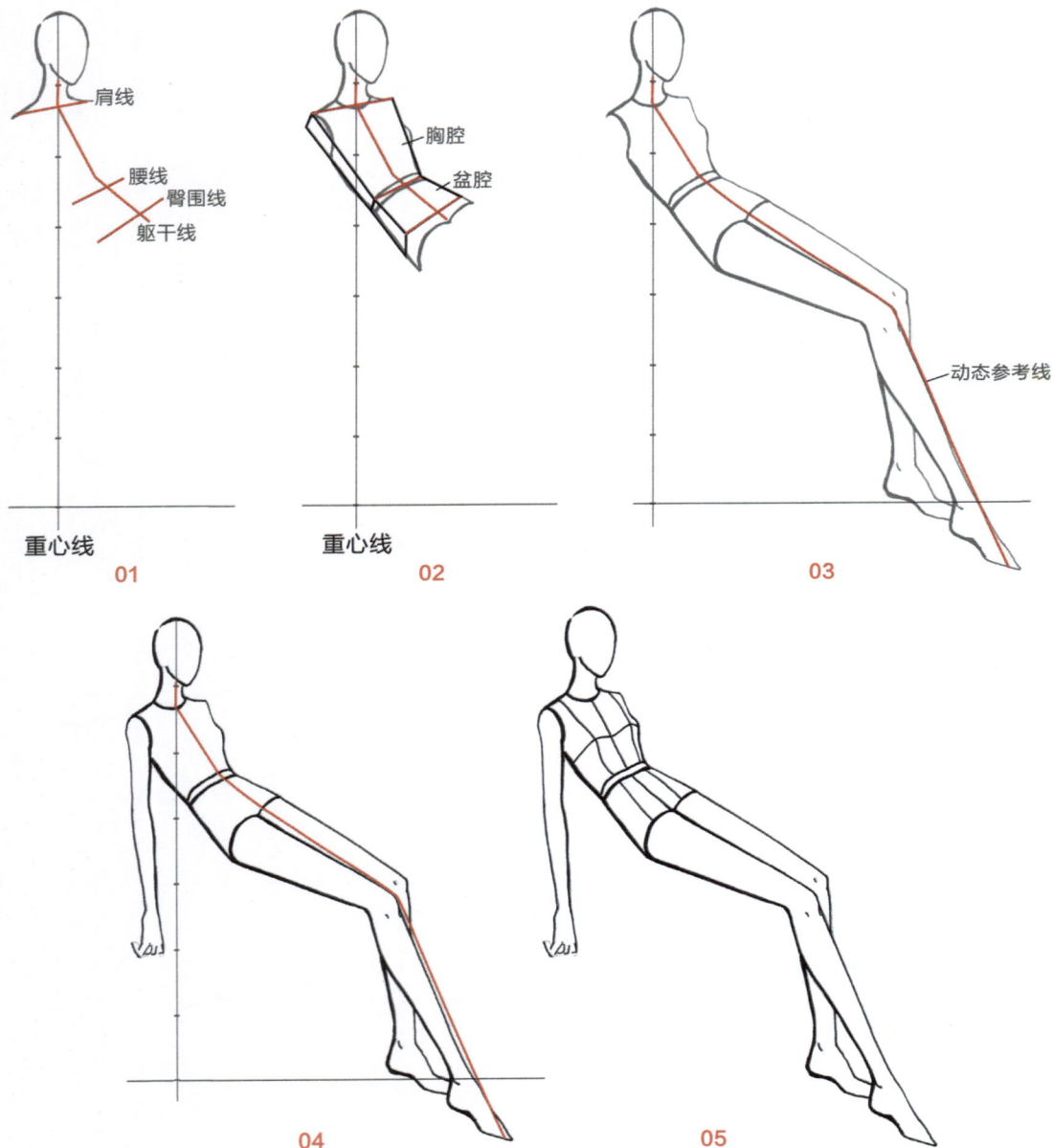

跪姿绘制步骤

跪姿的比例可参考站姿膝盖以上的比例关系，跪姿一般为5~6个头长。跪姿多用于展现沙滩泳装、舞台音乐造型等。

01 先绘制一条重心线，将其平均分成6份，然后绘制肩线、腰线和臀围线的辅助线。

02 根据辅助线确定胸腔和盆腔的关系，注意表现上身扭动时侧面的体积感，然后根据辅助线绘制躯干的轮廓。

03 绘制一条动态参考线，根据参考线绘制重心所在的腿。跪姿主要受力的是膝盖。

04 确定了重心后，根据姿势造型，绘制另一条辅助受力腿，绘制时注意透视关系。然后完善手臂和手。

05 完善躯干参考线。

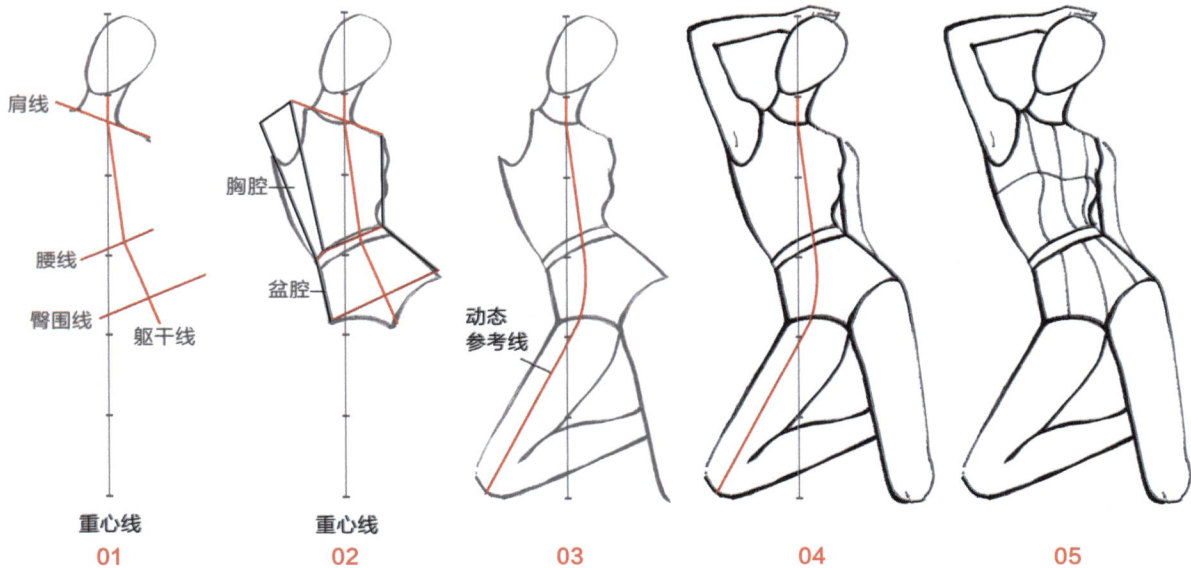

时尚插画常用动态

03

时装款式
基础与构成

通过第2章的学习，相信大家已经掌握了时装画人体绘制的知识和技巧。想要快速表现服装效果图，画好时装画，还需要掌握人体和服装之间的关系，掌握时装款式的基础知识，才能更准确地把握需要展现的服装。服装款式是基于人体穿着效果而设计的，款式廓形、款式各个组成部件、部件的细节等环环相扣，从而形成服装的最终效果。

3.1 从整体到细节

3.1.1 服装与人体的关系

服装依附在人体上，所以我们绘制时需要了解服装和人体之间的关系。

紧身的服装虽然贴身，但并非完全贴合人体，人体和服装之间还是有少许空间的。

宽大的服装除了肩部支撑点较为合体，人体其他部分和服装之间有很大的空间。

3.1.2 服装廓形与线条

服装的廓形主要以A、H、X、T和O这5类为主，还有S、Y和V等服装造型轮廓。各类型依照服装外观形状来命名。

A型的特点是肩部合体，不收腰，下摆扩大。

H型的特点是以肩部为受力点，不强调胸围、腰围和臀围的曲线线条。

X型的特点为夸张肩部，收紧腰部，扩大底摆。

T型的特点为肩部夸张，下摆内收，形成上宽下窄的效果。线条以斜线为主，体现出洒脱、简约的男性气息，多用于男装设计或表演装。

O型的特点是腰部夸张肥大，肩部合体，下摆收紧。

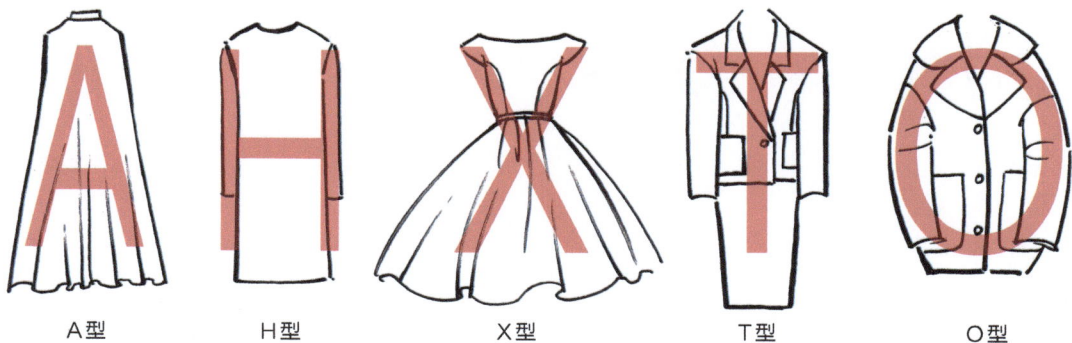

| A型 | H型 | X型 | T型 | O型 |

S型相对于X型更加强调女性曼妙的身姿曲线，胸围、腰围和臀围都处于合体紧身状态。

Y型与T型类似，但Y型更加倾向女性设计。同样强调肩部造型的夸张，下半身呈合体紧身状态。

V型是T型的夸张版，上宽下窄，线条以斜线为主。

立体造型变化多样，廓形无拘无束，天马行空，线条多变，极具创意。

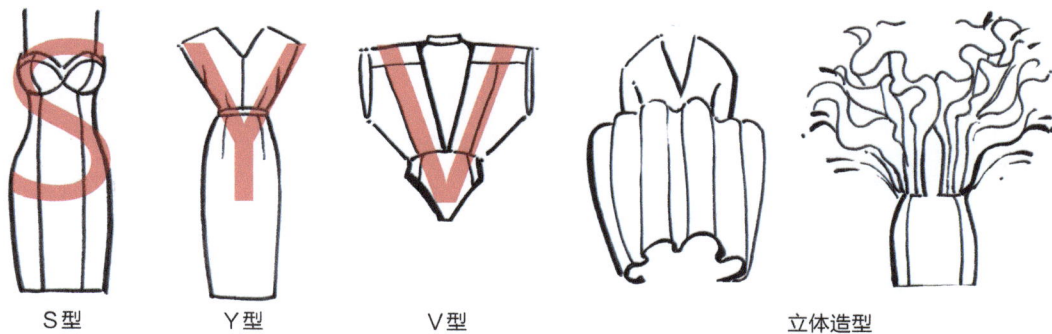

| S型 | Y型 | V型 | 立体造型 |

3.2 服装款式局部表现

3.2.1 领子

领子介绍

领子处于脖子四周，在一定程度上能衬托脸形，展现人们的精神面貌。领子主要分为无领型和有领型两大类。

圆领

V领

立领

翻领

衬衫领

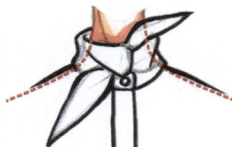

打结领

高堆领

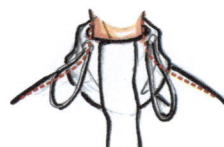

高领

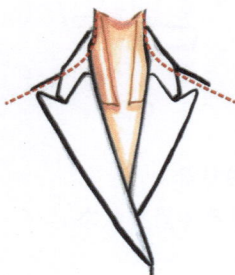

西装领

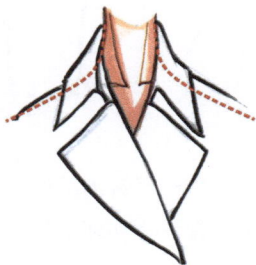

大衣领

蝴蝶结领

褶边领

领子赏析

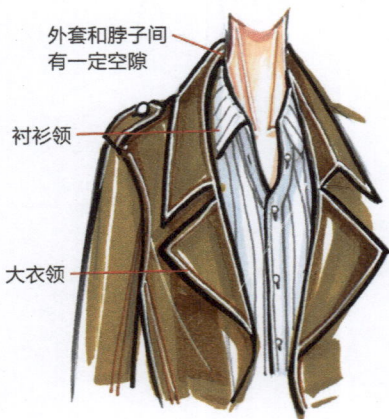

外套和脖子间
有一定空隙

衬衫领

大衣领

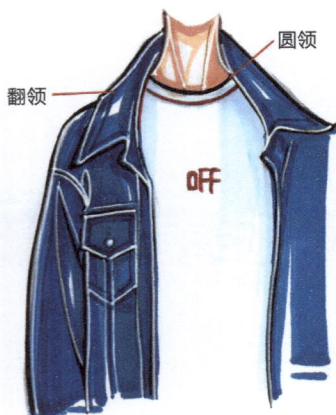

圆领

翻领

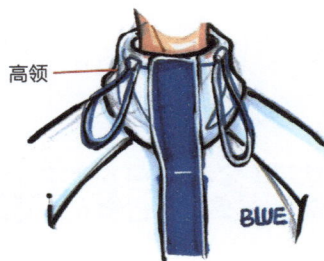

高领

花边领

由花边组合成的领子

衬衫领

衬衫领

翻驳领

翻领

打结领

蝴蝶结领

3.2.2 袖子

袖子介绍

自然肩线

平顺

圆滑

挺括

圆顺

无袖

正常肩袖

落肩袖

插肩袖

垫肩袖

连身袖

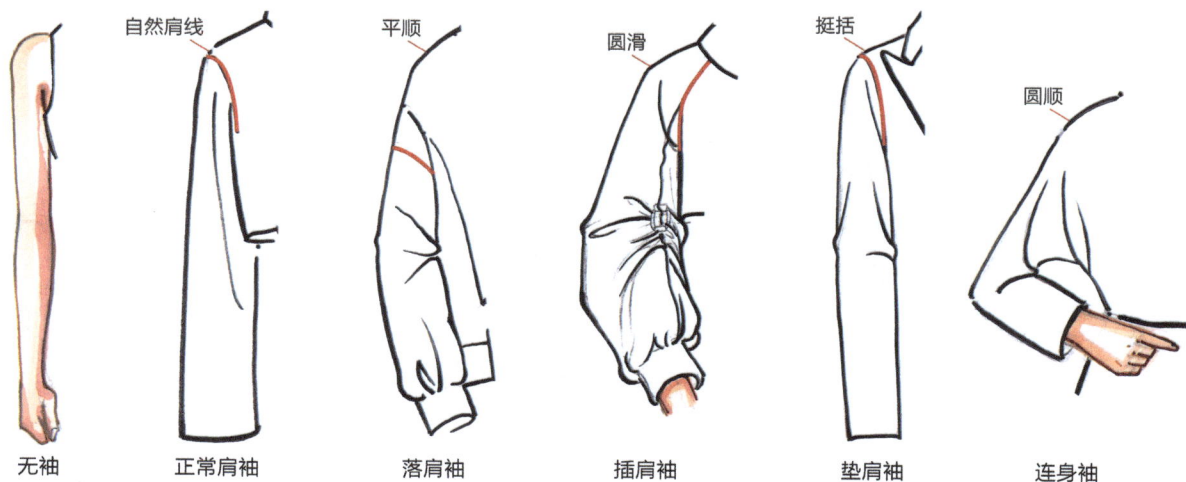

绘制时注意袖子与手臂的空间关系。袖子包裹着手臂，而手臂可以视作圆柱，绘制时要注意绘制出圆柱的体积感。例如，紧身袖基本贴合手臂，喇叭袖袖口宽大，束口袖袖口贴合，羊腿袖肩部空间大，应绘制出体积感。只要把握好空间关系，即可绘制出具有体积感的袖型。

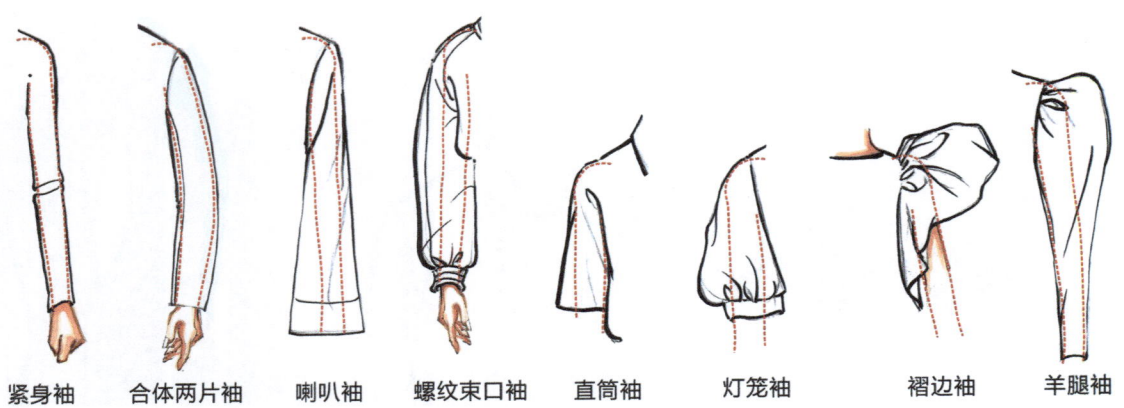

紧身袖　　合体两片袖　　喇叭袖　　螺纹束口袖　　直筒袖　　灯笼袖　　褶边袖　　羊腿袖

袖子赏析

开衩
长袖

立体褶袖

荷叶边袖

喇叭荷叶边袖

束口袖

灯笼袖

镂空褶边袖

抽褶袖

复合羊腿袖

3.2.3 门襟

门襟介绍

 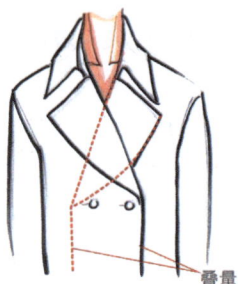  

对襟
左右片无重叠

叠襟
左右片交叠

不对称门襟
左右片不对称

暗门襟
左右片重叠，纽扣隐藏其中

门襟赏析

对襟

拉链式对襟

抽褶式对襟

叠襟荷叶边

不对称门襟

叠襟

叠襟

暗门襟

3.2.4 口袋

口袋介绍

口袋以功能性为主，再考虑袋型设计。按结构分，口袋主要有贴袋、插袋和开袋。

贴袋是直接在衣服表面用车缝明线做成的口袋，亦可手缝暗线，表面看不到缝合线迹，如常见的牛仔裤后口袋、大衣两侧的口袋等。

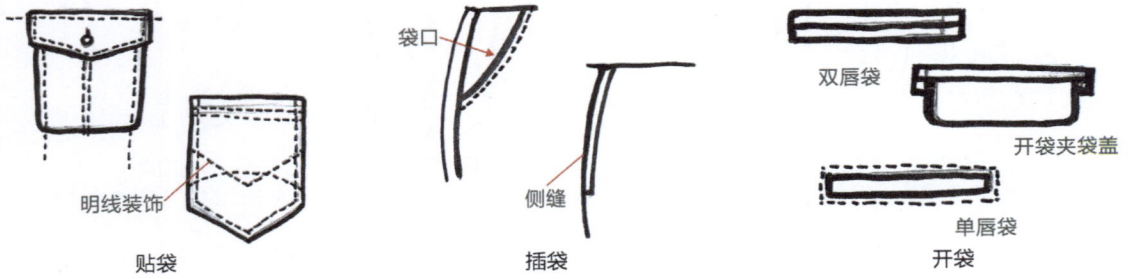

明线装饰

贴袋

袋口

侧缝

插袋

双唇袋

开袋夹袋盖

单唇袋

开袋

口袋赏析

表袋

插袋

贴袋

手巾袋

开袋

袋鼠兜

包边贴袋

插袋
袋盖
拉链贴袋

3.3 服装款式细节表现

3.3.1 镶钉

镶钉主要是通过排列方式对钉进行加工固定的工艺。钉一般以金属为主，有很多形状。

绘制时装画时，钻钉数量多不需要每一颗都绘制得十分详细，要注意主次分明，只需要强调关键部位即可，其他部分采用辅助绘制，这样能拉开空间层次感。

镶钉绘制

01 用铅笔绘制服装轮廓线。

02 用黑色勾线笔勾勒服装轮廓，然后完善皮肤颜色。

03 用107#马克笔的细头以垂直点点的方式用笔，注意控制用笔压力，使金属钉的距离和大小都保持均匀。

04 用100#马克笔的细头以垂直点点的方式用笔，点出金属钉的反光色，增加金属钉的层次感。

05 用黑色针管笔绘制金属钉轮廓，只需绘制出背光处的半圆即可。

06 绘制出服装暗部，并用高光笔提亮金属钉。

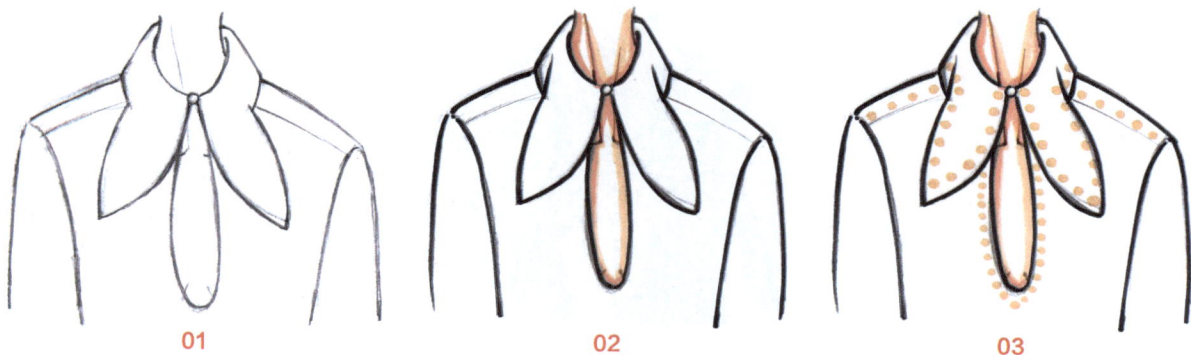

01　　　　02　　　　03

04   05   06

镶钉赏析

星星钉 ——

扁圆形钉 ——

立体圆球钉 ——

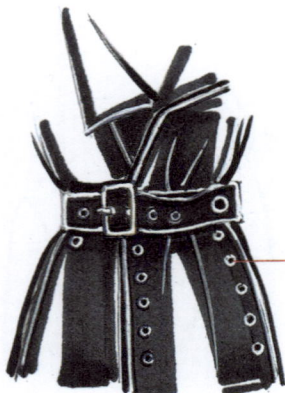

鸡眼钉 ——

3.3.2 珠饰

珠饰主要以不同颜色、不同大小和不同形状的珠子和珠片为主。

绘制珠饰时，不需要将每一颗珠子都绘制得很详细，否则非常耗时，主要是把握珠子的大小和距离，以及颜色的深浅。用高光笔能很好地展现出珠饰的立体感。

珠饰绘制

01 用铅笔绘制服装轮廓线。

02 用黑色勾线笔勾勒服装轮廓，然后完善皮肤颜色。

03 用10#马克笔的斜头绘制服装底色，注意留出高光。

04 用1#马克笔的细头以垂直的方式用笔，以不同的压力点点。注意点的疏密不能太平均，要较随意地分布。

05 用4#马克笔的细头继续垂直点点，增强珠饰的层次和阴影。

06 用黑色和深红色纤维笔以同样的方式用笔。纤维笔画出的点比较细小，让珠饰的大小对比更强烈。任意分布用笔，注意服装暗部的地方点较为密集，服装边缘处的点可以稍微超出边界一些，体现珠饰的立体感。

07 用高光笔提亮服装轮廓，垂直点点提亮珠饰，增强立体感。

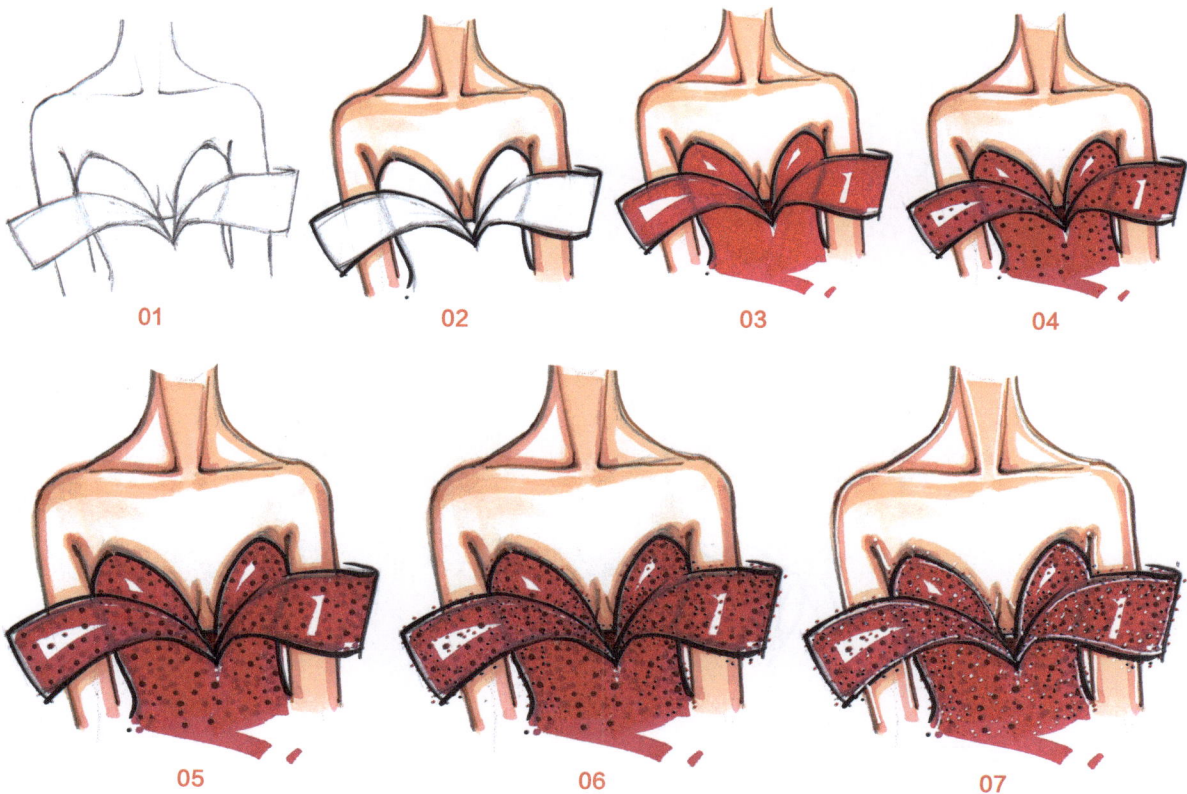

01

02

03

04

05

06

07

珠子
图案

珠子图案排列

珠片

珠子

珠子图案

珠链条

3.3.3 线迹

线迹除了有缝合的功能外，还极具装饰性。需要借助针管笔或纤维笔来辅助绘制。绘制大量的线迹时，无需借助尺子，否则会变得僵硬呆板，只需根据辅助线，大致控制线迹的大小、长度、距离即可。

线迹绘制

01 用铅笔绘制服装线稿。

02 用黑色勾线笔勾勒服装廓形，保留铅笔痕迹，然后完善肤色。

03 用9#马克笔的斜头绘制服装底色，注意留出高光。

04 用8#马克笔的斜头绘制服装阴影，然后用5#马克笔的细头勾勒服装的配色线条。

05 用红色针管笔绘制线迹。先完善细节线条，然后绘制线迹，绘制时不用过于纠结线迹的大小、距离是否一致，整体上保持线距、大小一样即可。

06 完善服装线迹。

07 用高光笔提亮服装轮廓。

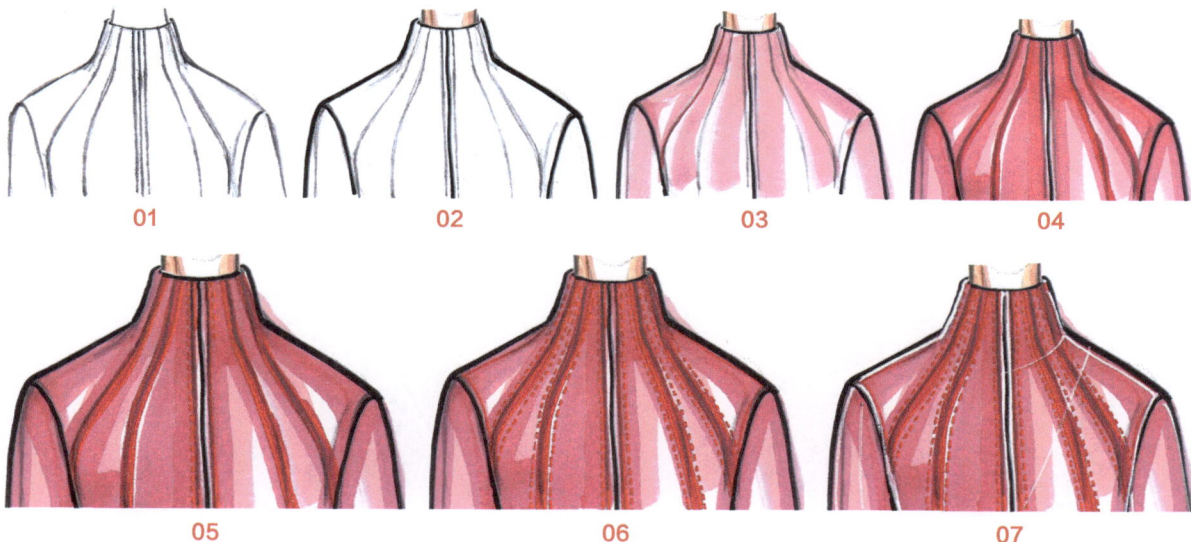

线迹赏析

细针距线迹

手缝线迹

3.3.4 镂空

镂空分为两种：一种为工艺镂空，如激光镂空、纸样结构镂空等；另一种为织物镂空，如蕾丝、花边等。相比直接露出大片肌肤的感觉，半遮半露的镂空效果更具神秘的美感，又能恰到好处地展现出完美身段。

绘制镂空设计时，先绘制肤色，被遮盖的地方肤色略深，再勾勒镂空花纹。在时装画快速表现中，对于一些细小的花纹，可以直接用短直线、弧线和点表现大致的花纹。

镂空绘制

01 用铅笔绘制服装线稿。

02 由于蕾丝面料镂空会露出肤色，因此要先用26#马克笔绘制肤色。

03 用25#马克笔绘制皮肤阴影，注意被蕾丝覆盖的部分要加重皮肤颜色。

04 用铅笔轻轻描出蕾丝纹理的大致形状，然后用高光笔绘制蕾丝纹理。本案例中为白色蕾丝，如果是其他颜色的蕾丝，可以用不同颜色的针管笔绘制。

05 用高光笔根据铅笔绘制的形状完善蕾丝花纹的绘制。注意左右两边花纹的对称，把握主要花型的大致形状即可，细小图案不必过于纠结。

06 用肉色纤维笔绘制蕾丝的阴影，使蕾丝更具层次感。

07 用黑色勾线笔大致勾勒蕾丝的轮廓，然后用高光笔提亮皮肤。

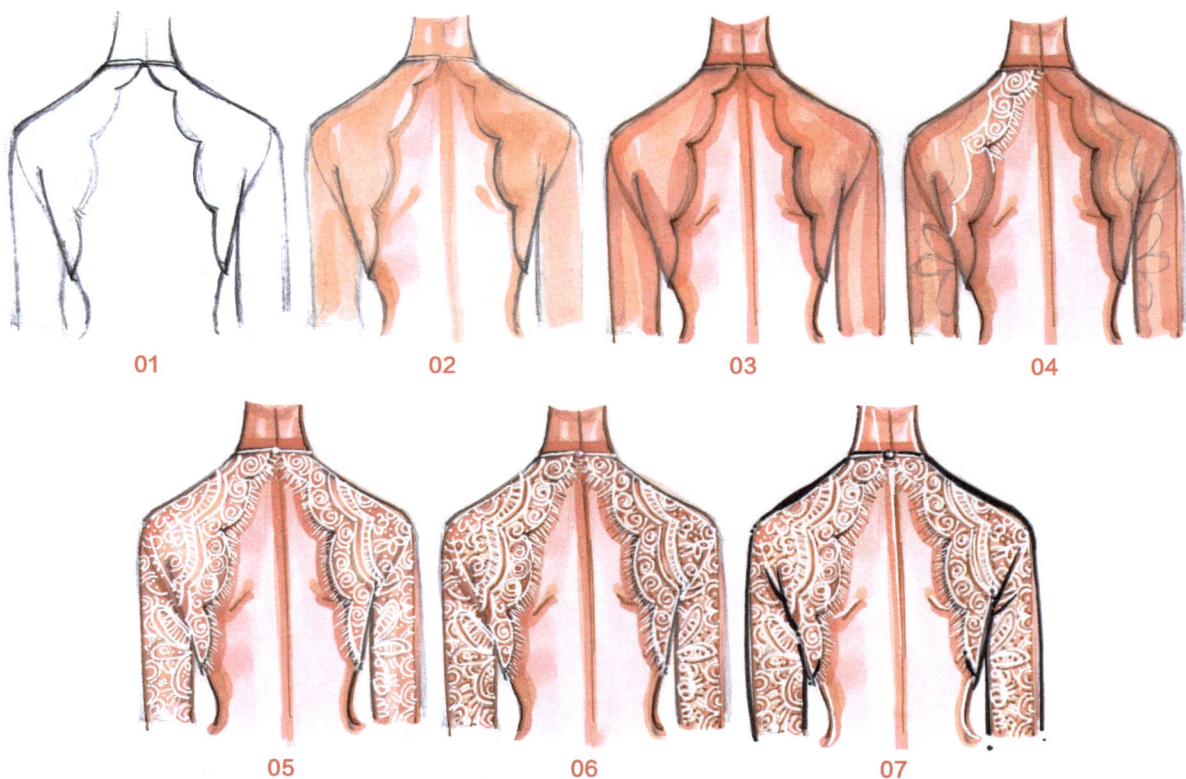

01　02　03　04

05　06　07

镂空赏析

网格镂空

绣花镂空

规则图案镂空

激光镂空

水溶镂空

条纹镂空

针织镂空

编织镂空

结构镂空

3.4 服装褶皱的表现

　　服装褶皱是受服装结构和人体穿着状态的影响产生的，褶皱随着动作的变化而变化。褶皱主要分为自然褶皱和人工褶皱两种。除了人体活动会产生褶皱外，还可以通过工艺手段形成工艺褶皱。用马克笔表现褶皱时避免面面俱到，只需表现出主线条、褶皱的走向和形态即可，避免呆板、生硬。不同的服装款式，表现出来的褶皱大同小异，规律都是一样的，不需要每次绘制时都找图片参考褶皱的画法，只要掌握褶皱的形成规律并加以练习，就可将其运用到各种服装效果图表现中。

3.4.1 褶皱的产生与方向

　　褶皱会受到重力和人体支撑力的影响，要学会想象褶皱的状态。人体运动所产生的褶皱都是有一定规律的，主要由竖褶和横褶组合而成。面料的材质也是影响褶皱形成的重要因素，面料越厚，产生的褶皱越少，褶皱越清晰分明，弧度越平滑；面料越薄，产生的褶皱越多，褶皱越繁复缭乱，弧度越大。

一般的皱褶主要集中在人体关节弯曲处，如肘部弯曲时，衣服受到挤压，皱褶多呈放射扩散状，而肘关节外部的衣服会因为拉扯而紧贴肢体，呈紧绷状态，此处服装褶皱形成一疏一密、一松一紧的效果。

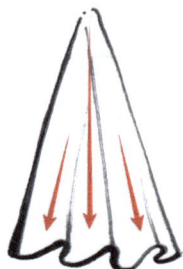

竖向

横向

3.4.2 不同褶皱的表现

垂褶： 褶皱受重力作用，自然下坠。常用于表现垂感面料。

悬垂褶： 由两端点垂坠形成的褶皱，两端发散。常表现在披肩、围巾等服装上。

堆积褶： 面料垂坠叠加堆积。常表现在裤脚、袖口和腰部关节等位置。

聚集褶： 类似于抽褶，褶皱聚集于一处。常用在束腰、束袖等工艺细节处理中。

拉伸褶： 受一端点拉伸产生的褶皱，由密集往四周发散。常出现在抬手或抬腿时产生的褶皱。

挤压褶： 关节弯曲，受一端点挤压，聚集堆积在一起，由密集往四周发散。常出现在人体行走、人体活动中产生的褶皱，如袖肘、膝关节处。

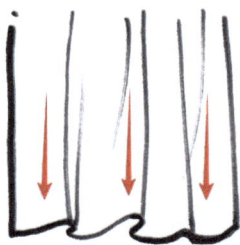

垂褶

悬垂褶

堆积褶

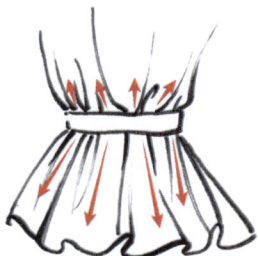

聚集褶

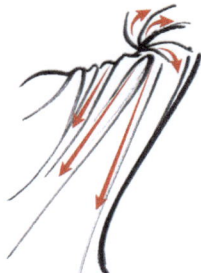

拉伸褶

挤压褶

◎ 上衣褶皱分析

　　人体上半身手部活动较大，形成的褶皱较多样，抬起手时形成具有张力的拉伸褶，盘手于胸前时形成拉伸的聚集褶。半束下摆或工艺抽绳设计形成密集的聚集褶。绘制时，要注意褶皱的疏密，要学会取舍，去掉烦琐的细小褶皱，保留主要褶纹和辅助褶纹即可。勾线时只需要勾勒主要褶纹、辅助褶纹，可以保留铅笔痕迹。

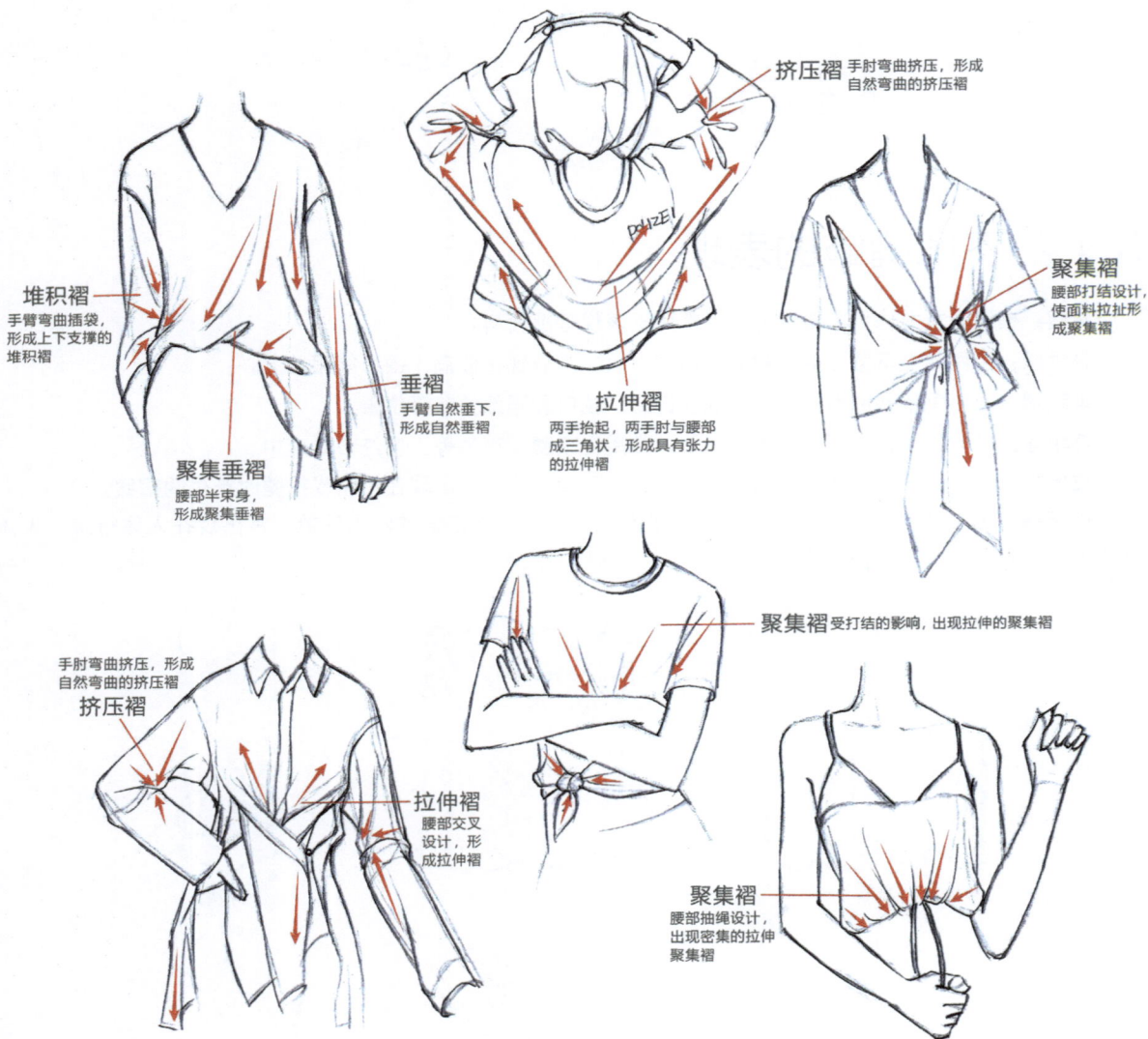

挤压褶 手肘弯曲挤压，形成自然弯曲的挤压褶

堆积褶
手臂弯曲插袋，形成上下支撑的堆积褶

垂褶
手臂自然垂下，形成自然垂褶

聚集垂褶
腰部半束身，形成聚集垂褶

拉伸褶
两手抬起，两手肘与腰部成三角状，形成具有张力的拉伸褶

聚集褶
腰部打结设计，使面料拉扯形成聚集褶

聚集褶 受打结的影响，出现拉伸的聚集褶

手肘弯曲挤压，形成自然弯曲的挤压褶
挤压褶

拉伸褶
腰部交叉设计，形成拉伸褶

聚集褶
腰部抽绳设计，出现密集的拉伸聚集褶

DUZE!

上衣褶皱临摹案例分享

◎ 外套褶皱分析

外套主要以较厚的面料为主，一般人体活动幅度较小时，外套产生的褶皱较少，出现的褶皱比较清晰、明确。绘制时注意褶皱的弧度平滑，突出面料的体积感。

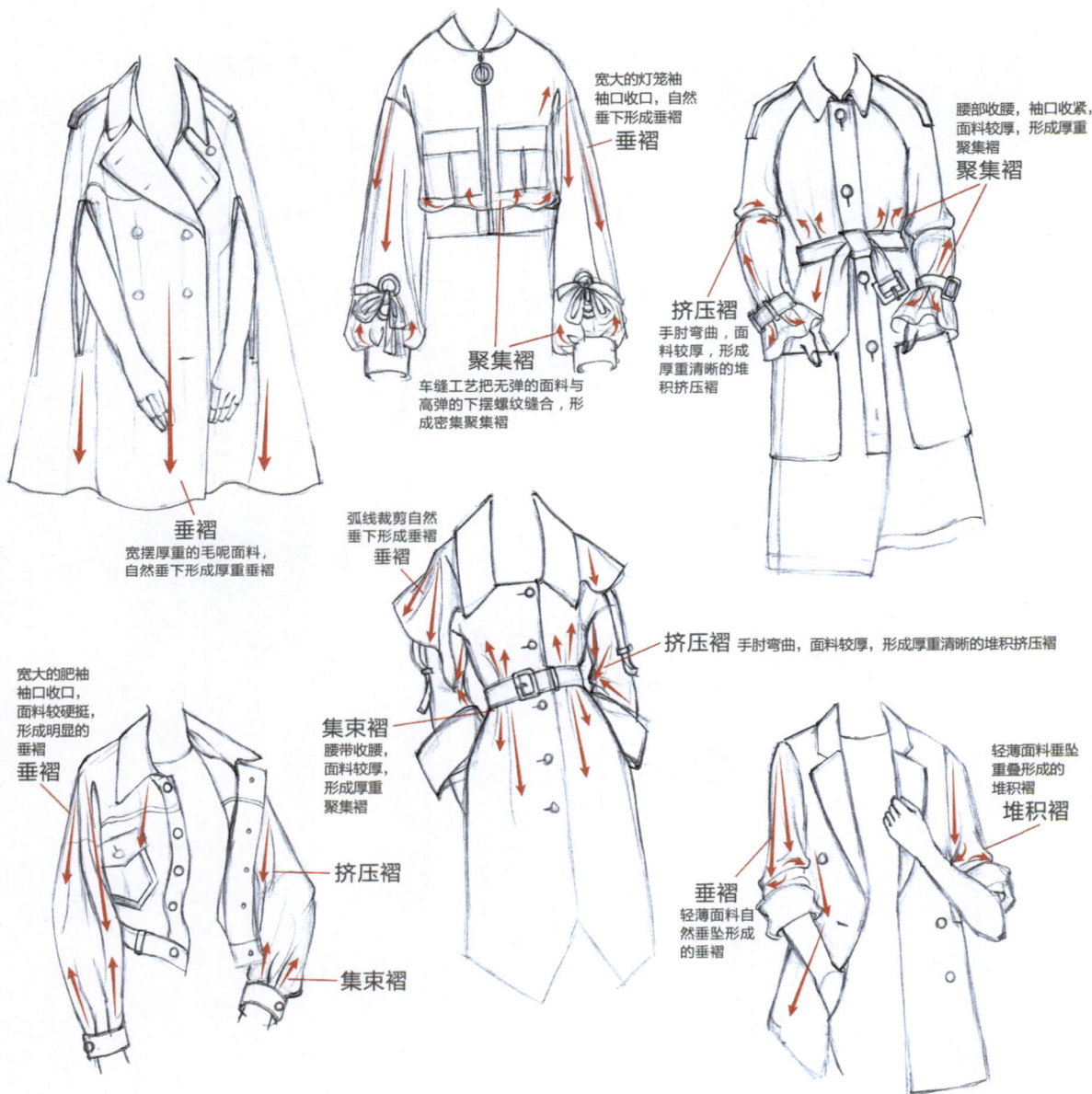

宽大的灯笼袖袖口收口，自然垂下形成垂褶
垂褶

腰部收腰，袖口收紧，面料较厚，形成厚重聚集褶
聚集褶

聚集褶
车缝工艺把无弹的面料与高弹的下摆螺纹缝合，形成密集聚集褶

挤压褶
手肘弯曲，面料较厚，形成厚重清晰的堆积挤压褶

垂褶
宽摆厚重的毛呢面料，自然垂下形成厚重垂褶

弧线裁剪自然垂下形成垂褶
垂褶

挤压褶 手肘弯曲，面料较厚，形成厚重清晰的堆积挤压褶

集束褶
腰带收腰，面料较厚，形成厚重聚集褶

挤压褶

宽大的肥袖袖口收口，面料较硬挺，形成明显的垂褶
垂褶

挤压褶

集束褶

轻薄面料垂坠重叠形成的堆积褶
堆积褶

垂褶
轻薄面料自然垂坠形成的垂褶

外套褶皱临摹案例分享

◎ 裙子褶皱分析

　　裙子的褶皱较为丰富，除了自然形成的褶皱，还有通过机器或手工形成的工艺褶。在绘制时，注意把握裙褶的大致形状，再进行细化，千万不能一开始就细化褶皱而忽略了整体的裙褶。束腰裙常出现聚集褶，面料越薄褶皱越密集。宽度较大的下摆常出现不规则的垂褶，下摆越大褶皱越多，面料越薄褶皱越多。采用抽褶工艺的面料通常较薄，褶皱密集，绘制时要注意疏密排列，否则容易造成画面凌乱。

通过弧线裁剪，面料
自然垂下形成垂褶
垂褶

挤压褶
胯关节弯曲，
形成挤压褶

手肘弯曲，
形成挤压褶
挤压褶

聚集褶
通过缝合工艺
将多余面料抽缩，
形成聚集褶

聚集褶
金属环穿过面料，
堆积挤压形成密
集的聚集褶

聚集褶
袖口松紧收口
形成聚集褶

垂褶
宽大的下摆受重力影响，
自然垂下形成垂褶

手摺工字褶成
规则的褶皱
褶裥褶

堆积褶
宽松的廓型
受到手部支撑，
形成堆积聚集褶

聚集褶
腰带收紧，形成
密集的聚集褶

垂褶
宽松的弧形
剪裁，形成
自然垂褶

垂褶
宽松的廓型形成自然垂褶

垂吊褶
裙摆结构设计
形成垂吊褶

裙子褶皱临摹案例分享

◎ 裤子褶皱分析

　　受人体结构影响，裤裆处的褶皱呈发散状，形成自然挤压褶。紧身的裤子会紧紧包裹着皮肤，褶皱主要表现在关节处，适当绘制出挤压碎褶即可，线条不宜过粗。宽大的裤子会形成自然垂褶，褶皱需要表现出垂坠感，线条流畅，注意弧线的粗细变化。

挤压褶

挤压褶

挤压褶
膝盖弯曲，
容易形成
挤压褶

紧身裤包裹着小腿，
只形成细小碎褶，在
绘制时可以忽略

挤压褶

裤裆处容易形成挤压褶，受紧身裤
拉扯，形成拉伸的挤压褶
拉伸挤压褶

挤压褶

垂褶
宽松裤型
形成垂褶

挤压堆积褶
宽松裤型膝关节处的
布料叠加起来形成
挤压的堆积褶

挤压褶

挤压褶

垂褶
宽松裤型
形成垂褶

挤压褶

挤压褶

垂褶

集聚褶
束脚裤形成
垂坠聚集褶

垂褶

裤子褶皱临摹案例分享

服装褶皱案例分享

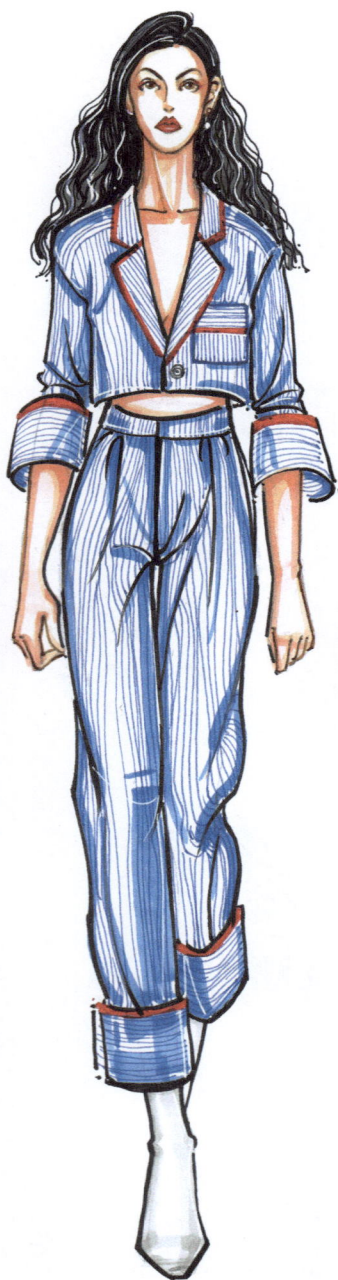

04

时装画面料
的表现技法

服装面料多种多样，生产工艺也各不相同，有
的是通过纱线机织出来的，有的是在原有的
面料上通过后续加工得来的。常见的生产工
艺如T恤上的胶印印花，碎花裙上的数码印
花，植绒、染色等。一块有特色的面料，能让
设计师获得很多设计灵感。先有设计图再去
找对应面料的话，这样是不太容易如愿以偿
的，而且开发面料是一个较长的过程，所以设
计师一般会根据自己的感觉，先在市场挑选
好面料再进行设计，这样更直接、更快速。

4.1 波点面料的表现

波点风靡于20世纪60年代，是最经典的图案之一。它具有风格复古，俏皮可爱，节奏欢快的时尚感。黑白波点算是经典中的经典，它十分复古，一直活跃在时尚界。波点的大小、疏密排布、色彩都是设计波点图案的关键。

4.1.1 波点面料绘制技巧

波点面料的绘制要点

大小：根据服装褶皱的不同面，呈现的大小不同。在较为平坦的面上波点的形状较圆，在被遮挡的面上波点为半圆或椭圆。

排序：根据服装褶皱走向排序，不宜过于均匀，否则显得呆板。

疏密：根据服装褶皱分散波点，褶皱密集处波点密集，反之则稀疏。

波点面料表现细节

①绘制面料的底色。

②根据面料起伏绘制阴影。

③沿着褶皱起伏走向绘制波点。

④绘制出疏密不同的波点。

绘制其他颜色的波点时，可以借助马克笔的尖头垂直用笔，稍加停顿即可绘制出圆润的波点。

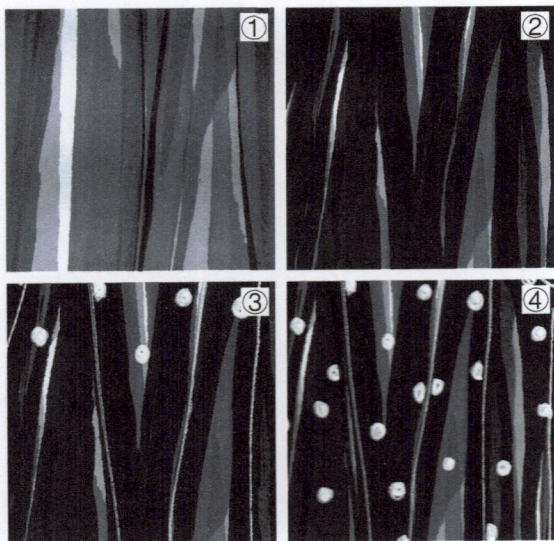

4.1.2 波点面料实例表现

» 线稿

01 用铅笔起稿，确定人体动态。

根据三庭五眼绘制头部和五官。

02 根据人体动态绘制服装款式，然后完善服装褶皱和细节。本案例中的服装为胸前打结的超大摆裙，注意绘制时褶皱的表现，裙子的褶皱为大垂褶，胸前和手关节处为挤压的碎褶。绘制完成后擦掉不必要的辅助线，以免影响后面勾线。

》皮肤

03 自定光源方向，绘制
皮肤底色和阴影，注意留
出高光。最好在第一层肤
色没完全干透前绘制阴
影，这样皮肤的过渡会更
加自然。

用27#马克笔平涂皮肤底
色，可大胆用笔。在眼珠
和牙齿处留白。

用139#马克笔的尖头绘制
皮肤阴影。

》勾线

04 用纤维笔勾勒
皮肤轮廓后，用小
号黑色防水笔根据
线稿勾线，明确服
装款式。注意擦掉
出界或不必要的线
条，以便更好地填
充上色。

用浅棕色纤维笔勾勒各部位的轮
廓，如上眼睑、眼睛虹膜、眉毛、
耳朵、脸形、锁骨和手臂等。

用浅棕色极细针管笔绘
制细小线条，如双眼皮、
眉梢、鼻子和嘴唇等。

用深棕色纤维笔加重脸
部转折和暗处的线条，
绘制出瞳孔。

勾勒服饰轮廓，注意受光部
的线条略细，短发几笔带过
即可。

勾勒服装褶皱的线条，受
光部线条细，背光处线条
粗，注意虚实关系的表现。

05 根据自定光源,以沿着
服装褶皱走向为原则,绘制
服装和鞋帽的底色,注意留
出高光。

用软头或尖头马克笔绘制
发色。

填充帽子的底色。

用马克笔顺着褶皱方向,采
用不同的角度和力度填充
底色。

06 叠加绘制服装的底色,使颜
色过渡更加自然。注意叠加面积
逐层递减,表现出层次感。

继续用马克笔不同的角度和力度叠加绘制服装底色。

07 绘制服装和鞋帽的暗部阴影，阴影主要集中在转折处和褶皱内侧。绘制时用笔应肯定、明快。

加重暗部阴影，如腋下、腰身两侧、褶皱内侧等。

09 用高光笔根据衣纹走向绘制波点图案，注意波点的疏密。本案例中波点的疏密变化较为明显地集中在裙摆褶皱处。

08 沿着人体关节转折用高光笔提亮高光，表现皮肤质感，然后顺着褶皱起伏，提亮服装质感，表现体积感。

用红色纤维笔绘制唇色和眼影。

用高光笔绘制波点，注意波点的大小和疏密。

10 完善整体
服饰绘制。

11 可以根据个人喜好绘制出背景。本案例造
型风格较复古，颜色较单调，因此可以选择对
比明显的颜色作为背景，使画面更具时尚感。

W5-YanFei
FayeFinyl
Oct. 6th. 201

用灰色纤维笔绘制出渔网状
面纱。

在网线的交叉处稍微停顿，
表现出渔网的节点。

4.1.3 波点面料作品赏析

4.2 格纹面料的表现

格纹是一种永不过时的经典图案，每年每季的时装发布会上都有它的身影。通过经纬线的排列、不同颜色的搭配和格子的大小组合可以形成多样的格纹风格。

4.2.1 格纹面料绘制技巧

格纹面料的绘制要点

经纬线：线条十字纵横组合，顺着衣纹方向绘制。

格子大小：经纬线的距离远近决定格子的大小。

配色：格子经纬线的配色搭配。

格纹面料表现细节

①绘制服装底色，再顺着衣纹绘制经线。

②顺着衣纹绘制纬线。

③绘制格子的配色，注意深浅对比。

④完善格子细节配色的经纬线。

绘制时不用过于纠结边界是否出界，在马克笔快速表现中大胆下笔，绘制出肯定的笔触尤为重要。若需要重点表现面料，也可以绘制得十分规整。

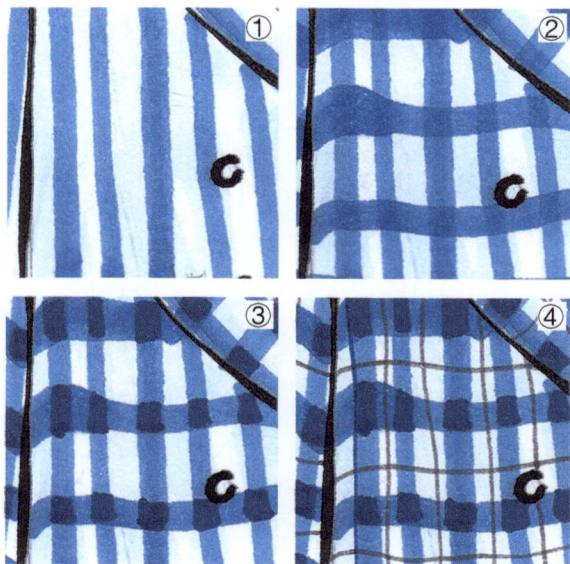

4.2.2 格纹面料实例表现

» **线稿**

01 用铅笔起稿，确定人体动态。

02 根据人体动态，绘制服装的大致廓形。该案例服装为挺括面料的翻领大衣，绘制时注意把握褶皱表现，褶皱应少而清晰。

03 完善人体与服装的整体细
节，擦掉不必要的辅助线，以
免影响后面勾线。

» **皮肤**

04 自定光源方向，绘制皮肤底色和阴影，
留出皮肤高光。

用27#马克笔绘制皮肤底色，
可大胆用笔，眼珠、牙齿和
颧骨处留白。

用139#马克笔的尖头绘制
皮肤阴影。

» **勾线**

05 用纤维笔勾勒皮肤轮
廓和转折线等。

用深棕色纤维笔分别加重脸部、
眉头、上眼睑、瞳孔和关节转折
处的轮廓。

用浅棕色纤维笔勾勒各处轮廓，
如上眼睑、眼睛的虹膜等。

用浅棕色极细针管笔绘制双眼
皮、眉梢、鼻子和嘴唇的轮廓。

» 上色

07 绘制整体的底色，不要忘了头发、内搭和鞋子等部位的绘制。然后顺着衣纹方向绘制服装经线，褶皱堆积处线条起伏大、较密集，平坦处线条起伏小、较均匀。

06 用小号黑色防水勾线笔顺着线稿勾线，绘制出整体轮廓，注意虚实关系的表现和线条的粗细变化。表现出人体的立体感，明确服装款式。

沿着服装的褶皱走向勾线，注意线条的粗细和虚实变化。

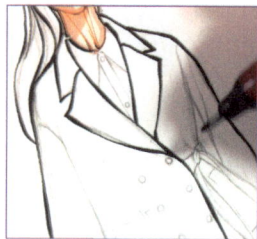

用尖头或软头马克笔绘制发色。

叠加绘制头发阴影，绘制内搭衬衫。

08 参考步骤07完善纬线的绘制。

10 完善格子的细节绘制。然后完善发丝、妆容、鞋子和口袋等的补充绘制。

11 用高光笔沿着关节转折，提亮皮肤质感和整体高光，注意头发和鞋子要表现出强烈的立体感。

09 绘制格子图案的细节配色。

用软头或尖头马克笔绘制方格配色。

用红色纤维笔绘制唇色和眼影。

用纤维笔顺着衣纹方向绘制格子细节配色的经纬线。

4.2.3 格纹面料作品赏析

4.3 印花面料的表现

印花面料按照工艺的不同可以分为转移印花和渗透印花两种。印花面料一般通过蜡染、扎染、扎花、手绘和手工台板印花，以及数码印花等工艺来进行制作。印花面料的颜色丰富，打破了传统单一的面料色彩。工艺技术的发展给设计师提供了很好的设计灵感。

4.3.1 印花面料绘制技巧

印花面料的绘制要点

主次：绘制印花图案时要分清主次，重点绘制主要花型，即大面积、特别突出的花型；次要花型几笔带过即可，如特小花型，不占主体位置的花型。

花型：绘制花型的大致形状即可。另外，需注意随着服装产生褶皱，花型也会扭曲变化，因此绘制花型时褶皱走向是需要考虑的。

细节：印花的细节刻画可借助马克笔的尖头或彩色纤维笔辅助勾线，印花的明暗通过颜色的叠加即可表现。

印花面料表现细节

①绘制印花的大致形状和底色。

②绘制印花细节和面料底色。

③绘制面料暗部和印花细节。

④提亮面料和印花高光。

在绘制浅色面料上的印花时，由于浅色可以被覆盖，因此可以先绘制好面料的颜色再绘制印花。本案例中为深色面料，因此需要先绘制印花。

4.3.2 印花面料实例表现

» 线稿

01 用铅笔起稿，确定人体动态。该案例为大半身造型。

02 根据人体动态绘制服装的大致廓形，完善人体与服装的细节。然后擦掉不必要的辅助线，以免影响后面勾线。该案例为束腰的轻薄荷叶袖裙，要注意腰部的聚集褶和下摆褶皱的走向。

» **皮肤**

03 自定光源方向，然后用27#马克笔绘制皮肤底色，注意留出皮肤高光。

» **勾线**

05 确定脸部、五官，以及各个关节的轮廓。

04 用139#马克笔绘制皮肤阴影。最好在第一层肤色没完全干透前绘制阴影，这样皮肤的颜色过渡会更加自然。

用浅棕色纤维笔勾勒五官、脸部和手部的轮廓。

用浅棕色极细针管笔绘制双眼皮、眉梢等细节位置的轮廓。

用深棕色纤维笔分别加重眉毛、上眼睑、瞳孔及各个关节转折处的轮廓。

06 用小号黑色防水勾线笔沿着线稿勾线，注意线条的虚实和粗细变化，表现出人体的立体感，明确服装款式。

08 根据花型线稿，结合马克笔的细头和宽头绘制出花型的底色。本案例中花卉为主体，叶子为次要。

» 上色

07 绘制发色。沿着服装的褶皱走向，用铅笔轻轻勾勒出印花图案的大致花型。

09 进一步叠加绘制，表现出印花的层次。

用尖头马克笔叠加绘制花卉颜色。

11 自定光源方向，然后沿着服装褶皱走向绘制服装面料底色。

10 完善印花不同层次的色彩。

用马克笔的尖头和棱角绘制花卉和叶子的细节。

12 绘制服装的暗部阴影，阴影主要集中在各个关节转折处和褶皱凹陷处。

13 完善印花整体的细节。

用红色纤维笔绘制唇色和眼影。

用深绿色纤维笔绘制叶子的大致细节。

用不同颜色的纤维笔绘制印花的图案细节。

用黑色纤维笔完善印花的轮廓细节。

14 用高光笔提亮皮肤质感，
提亮花型和印花面料的光泽，
表现出立体感。

15 绘制背景，完成
效果表现。

4.3.3 印花面料作品赏析

4.4 豹纹面料的表现

豹纹给人一种狂野不羁和时髦的感觉。豹纹元素一直是备受青睐的流行符号，不管什么时候街头都能看到豹纹元素。各种豹纹单品搭配特别吸引眼球，是时尚的宠儿。

4.4.1 豹纹面料绘制技巧

豹纹面料的绘制要点

形状：豹纹的形状没有局限性，大小不一，疏密不一。

深浅：豹纹的颜色有明显的深浅对比。

质感：除了豹纹斑点和豹纹上的毛须，其他部分可以借助干的马克笔或彩铅刷上几笔，即可表现出豹纹的质感。

豹纹面料表现细节

①先绘制面料的明暗底色，再绘制浅色的豹纹斑点。

②沿着浅色豹纹斑点的轮廓绘制深色的豹纹斑点。

③局部加重豹纹斑点的颜色，增强层次和体积感。

④绘制豹纹的纹理质感。

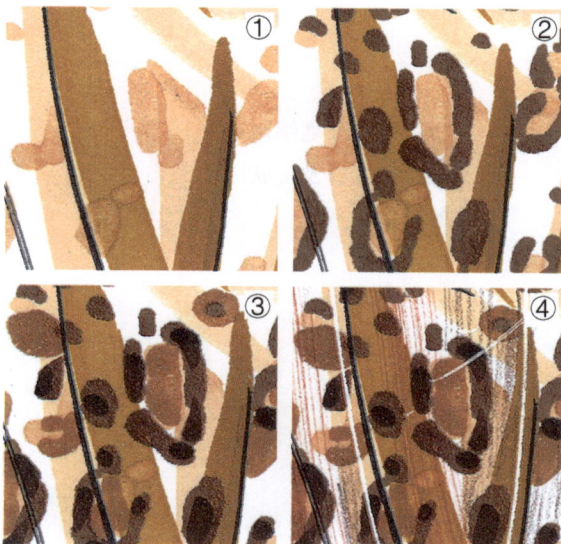

4.4.2 豹纹面料实例表现

» 线稿

01 用铅笔起稿，确定人体动态。

02 根据人体绘制服装的大致廓形。该案例中为紧身的长袖连衣裙，注意服装与人体的空间关系。褶皱的表现以横褶为主，注意各个关节处的褶皱处理。

绘制五官。

03 完善服装的整体细节，擦掉不必要的辅助线，以免影响后面勾线。

» **皮肤**

04 自定光源方向，绘制皮肤阴影。

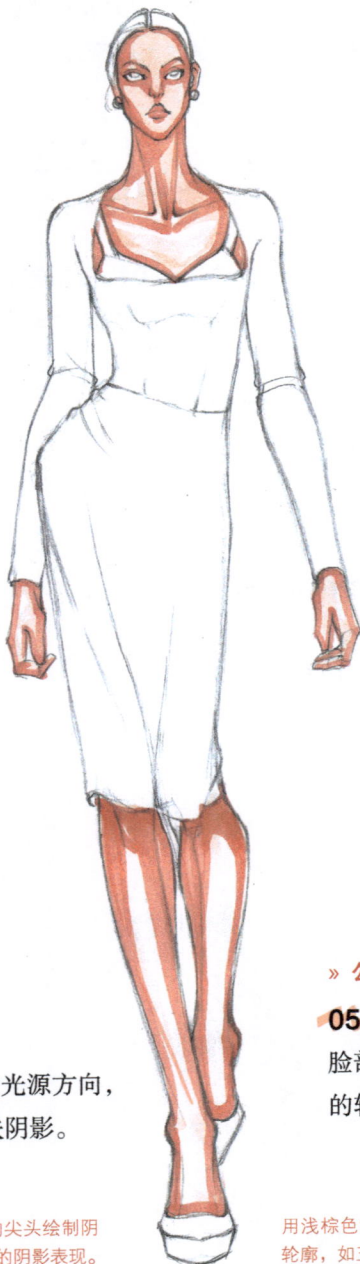

» **勾线**

05 用纤维笔绘制脸部、五官及皮肤的轮廓。

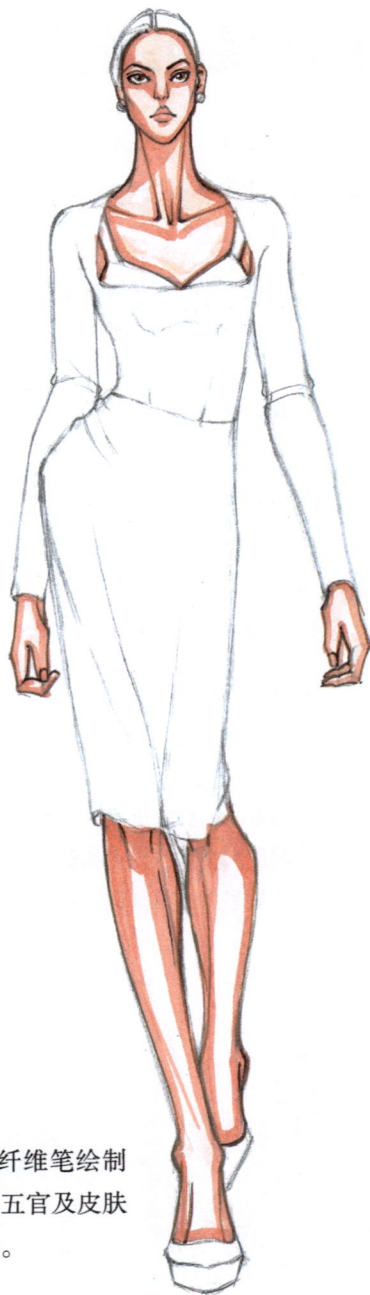

用27#马克笔绘制第一层肤色。

用140#马克笔的尖头绘制阴影，注意锁骨处的阴影表现。

用浅棕色纤维笔绘制各处的轮廓，如五官、锁骨等。

用浅棕色的极细针管笔绘制双眼皮、眉梢、鼻子和嘴唇等细小的轮廓。

» **上色**

07 绘制人体和服装整体的底色，注意留出高光。

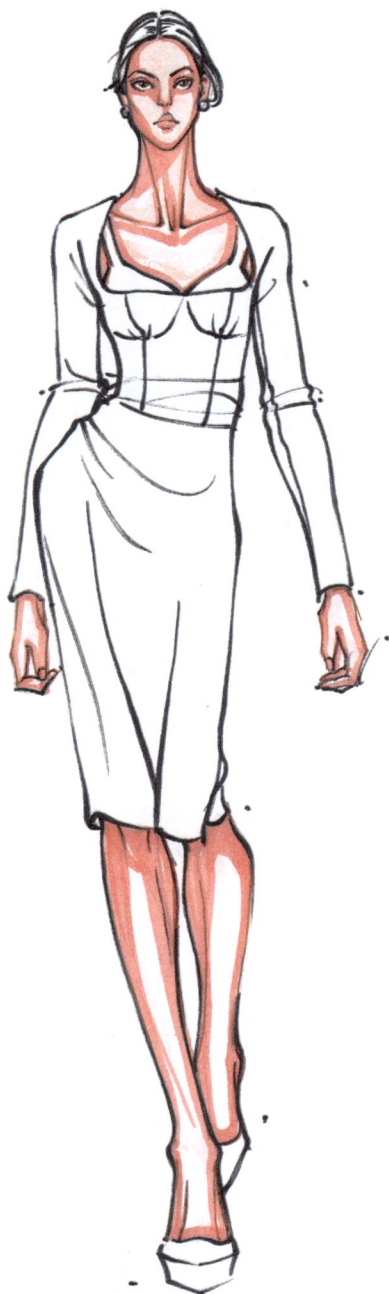

06 用黑色防水勾线笔明确服装款式，沿着铅笔稿的线条走向勾线，注意用笔要轻快，虚实变化要明显。

绘制发色。

08 绘制整体的暗部阴影，阴影主要集中在转折处和褶皱内侧，绘制时用笔应肯定。

10 沿着浅色豹纹斑点的轮廓绘制深色豹纹斑点，注意豹纹分布的疏密关系。

09 沿着服装走向绘制豹纹的大致图案。

用笔时注意力度轻重的转换，灵活控制笔尖，绘制出粗细不一的花型。

绘制浅色豹纹斑点的大致形状。

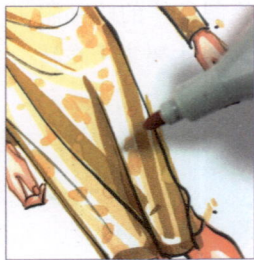

加深绘制局部豹纹斑点。

11 叠加绘制局部豹纹斑点的颜色，细化豹纹图案，增加画面层次和体积感。然后用红色纤维笔绘制妆容。

12 用高光笔在皮肤转折处绘制高光，提亮皮肤质感。然后沿着服装褶皱走向提亮服装，表现出面料的光泽与立体感。

13 绘制豹纹纹理。

借助彩铅绘制出豹纹的纹理。

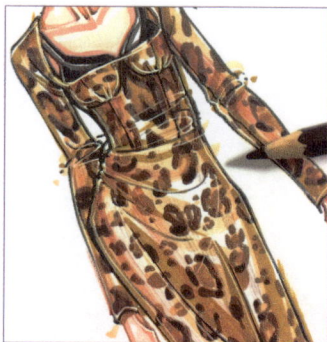

4.3.3 豹纹面料作品赏析

wb-YanFei
Oct. 29th. 201

05

时装的
质感表现

在绘制服装时，除了清晰绘制出服装款式外，还需要表现出服装面料的质感，以便于准确表达设计意图。马克笔属于硬性的材料，在表现不同的质感时往往具有局限性，但是我们可以通过色彩的叠加、笔触的控制、光影的对比、褶皱的起伏来实现面料质感的表现，此外还可以通过彩铅、水彩等辅助工具来实现。

5.1 薄纱质感表现

薄纱面料具有轻盈的质感，有一种若隐若现的透视效果。对于不同的薄纱面料，绘制时的表现方式也不同，如真丝类纱质面料，非常飘逸，轻盈细腻；雪纺面料，非常柔软，有一定的垂坠感；欧根纱类面料，透明度低，柔韧感强等。

5.1.1 薄纱质感绘制技巧

薄纱质感的绘制要点

透明感：首先要绘制肤色，表现薄纱材质的透明或半透明感。

飘逸感：使用随意性强的线条表示飘逸感，笔触流畅、大胆。

柔软度：通过褶皱的起伏节奏来表现薄纱的柔软度。

可以用一些快干或半干的马克笔绘制薄纱的质感，干笔形成的孔洞、细线恰好能表现出薄纱的纹理。还可以借助彩铅绘制薄纱的透明感。

薄纱质感的绘制细节

①先绘制肤色，再绘制薄纱底色。

②叠加薄纱重叠部分的颜色。

③提亮薄纱高光。

④绘制薄纱褶皱的暗部。

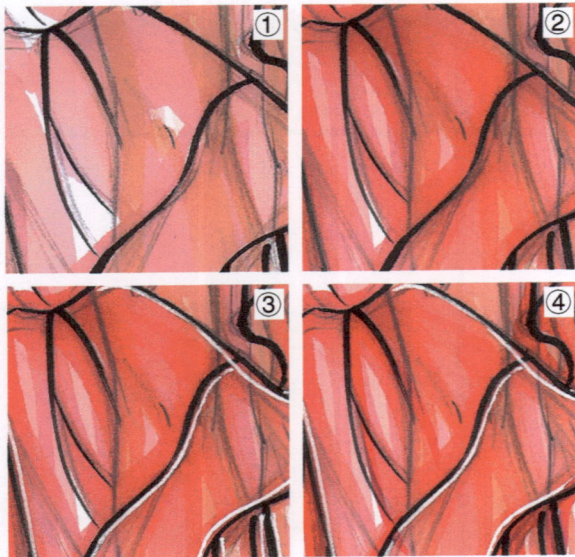

5.1.2 薄纱质感实例表现

» 线稿

01 用铅笔起稿，确定人体动态。

绘制头部及五官。

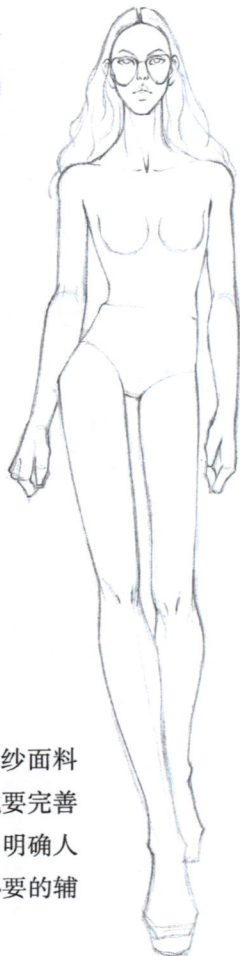

02 由于本案例薄纱面料的透明度高，因此要完善人体细节的绘制，明确人体曲线，擦掉不必要的辅助线。

» 皮肤

05 用27#马克笔的尖头绘制五官底色，然后用斜头绘制人体大面积的肤色，注意留白，适当留出空隙。

03 根据绘制好的人体，沿着人体动态绘制服装。本案例为荷裙，注意荷叶边的走向，先确定大轮廓，再细化荷叶边的褶皱，以免造成画面凌乱。

04 对荷叶边处的褶皱进行细化，明确薄纱服装的款式，然后擦掉不必要的辅助线，保留人体线条。

06 根据服装款式走向绘制人体阴影，注意人体和服装转折处形成的阴影。

用139#马克笔绘制皮肤的暗部，注意皮肤与薄纱的阴影关系。

完善四肢皮肤阴影的绘制。

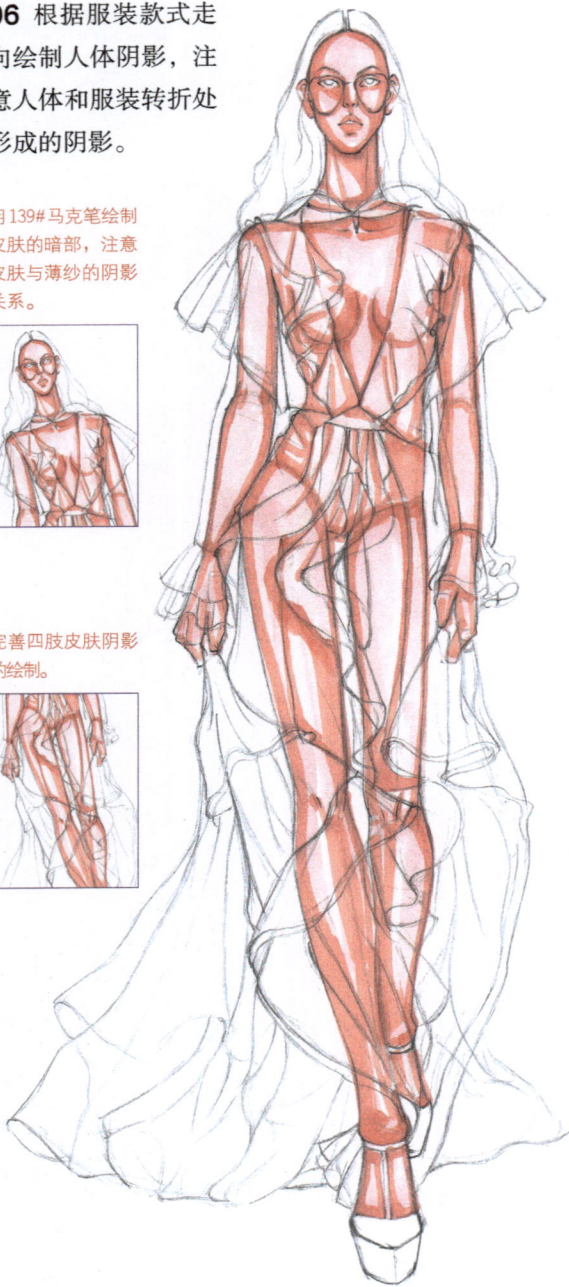

» 勾线

07 确定没被薄纱遮盖处的部位的轮廓，如头部、手部、锁骨和胸部的线条。

用浅棕色纤维笔勾勒轮廓。

用浅棕色针管笔绘制眼皮、鼻子和嘴唇等细节。

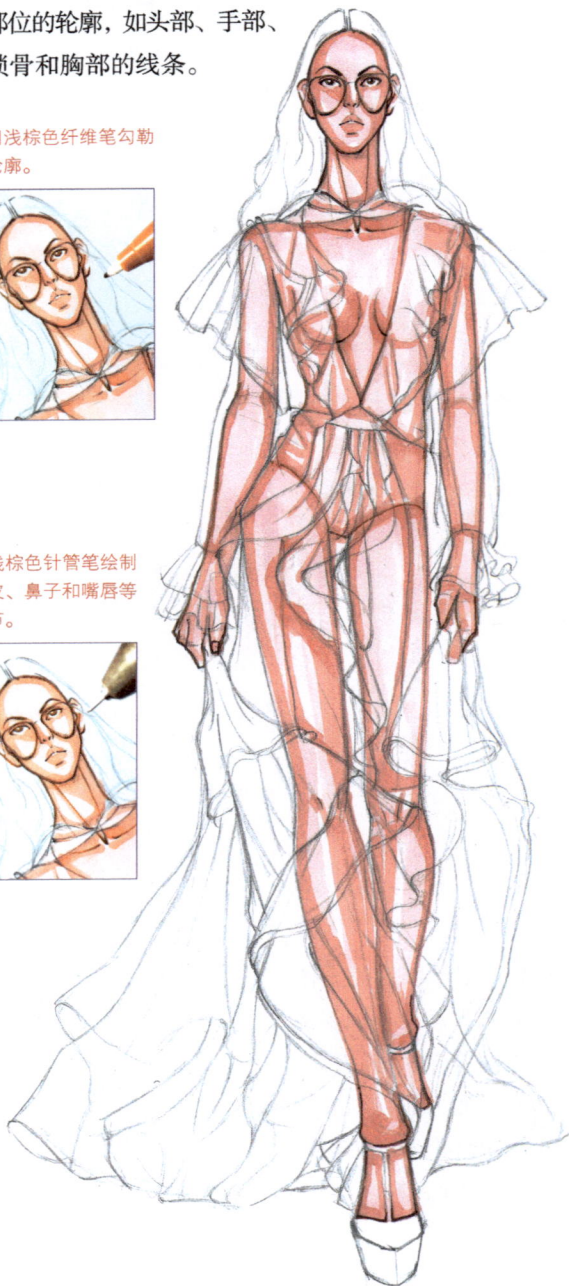

用深棕色纤维笔分别加重各个关节转折处的线条。

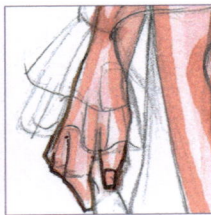

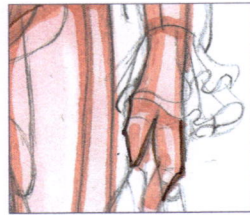

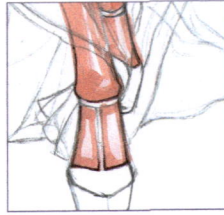

绘制出薄纱的主要轮廓。

保留碎褶的铅笔线稿。

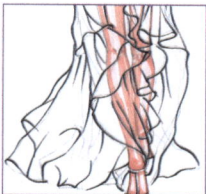

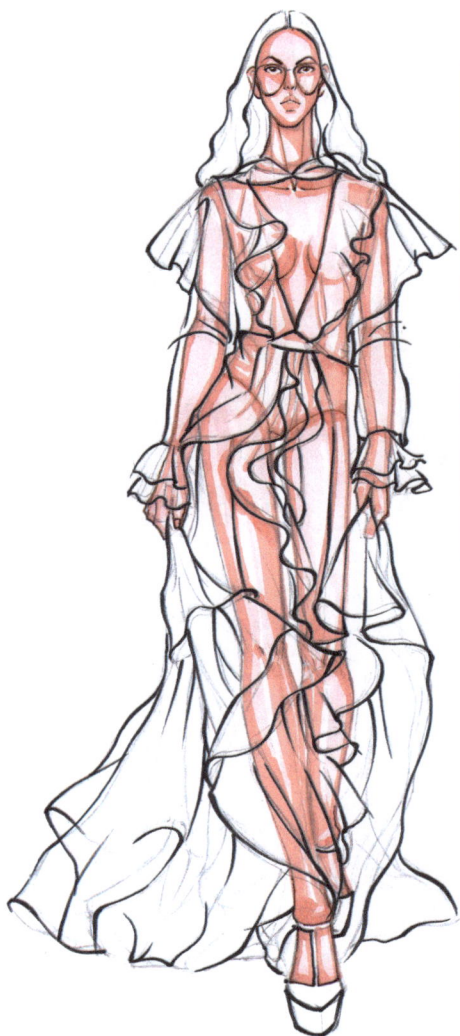

10 用同一色号的马克笔叠加绘制薄纱重叠的部分，加强单层薄纱和重叠薄纱的颜色对比，表现出荷叶裙的层次感和薄纱的透明感。然后绘制头发和鞋子的阴影。

08 用小号黑色防水笔根据线稿勾线，表现出人体与薄纱的立体感，明确服装款式。本案例中的面料为欧根纱，绘制时要注意线条较柔韧细腻，明暗、虚实、粗细适中，用笔不宜过于粗犷，细小线条可保留铅笔稿。

» 上色

09 绘制头发和鞋子的底色，然后用9#马克笔绘制服装底色，注意沿着服装褶皱的走向用笔，适当留出高光。

141

绘制嘴唇的底色，用高光笔
完善镜片的玻璃透明质感。

12 用对比较强的粉色（15#
马克笔）绘制出褶皱内侧的
阴影，让画面更具层次感。

用红色纤维笔完善嘴唇和眼
影的绘制。

11 用高光笔提亮，表现出头
发、皮肤和鞋子的光泽感。顺
着褶皱的走向绘制出褶皱的亮
面，并细致刻画荷叶边的褶皱
形态，表现出薄纱轻盈的质感。

5.1.3 薄纱质感作品赏析

5.2 丝绸质感表现

丝绸是用蚕丝或人造丝纯织或交织而成的织品的总称。丝绸质感主要在于表现面料的光泽感和柔滑感。丝绸面料有良好的垂坠感，会产生较多的褶皱。

5.2.1 丝绸质感绘制技巧

丝绸质感的绘制要点

光泽感：丝绸的光泽感主要通过高光和反光来表现，高光通过大量留白表现，反光则通过叠色表现。

垂坠感：在表现垂坠感时褶皱应该分组绘制，并要把控好疏密关系，适当取舍整理。绘制时要确定好褶皱的位置和分布，应从人体大转折处入手着色，以免在绘制光影的时候造成画面凌乱。

柔滑感：线条以曲线为主，切忌形成尖角，用笔应圆顺。

丝绸质感表现细节

①绘制丝绸的底色，并大量留白。
②叠加绘制反光色。
③绘制丝绸的阴影。
④绘制丝绸的光泽。

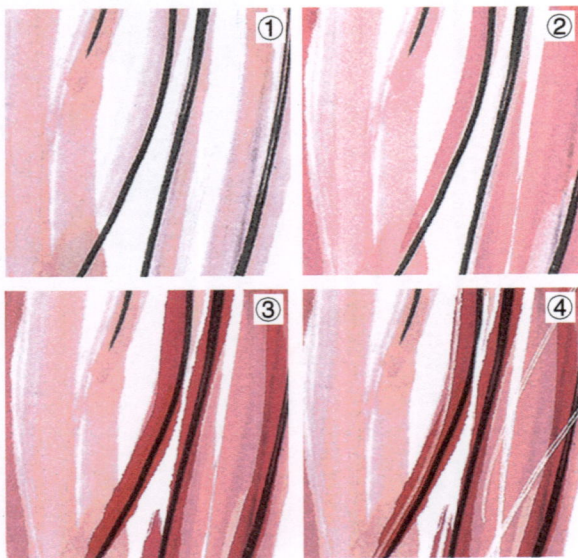

5.2.2 丝绸质感实例表现

» 线稿

01 用铅笔起稿，确定人体动态。

02 根据人体动态绘制服装廓形。该案例的服装款式腰部有打结设计，注意褶皱应以发散的方式处理。肩部碎褶应用短线绘制。

根据三庭五眼的比例关系绘制头部和五官。

03 完善服装褶皱和细节的绘制，然后擦掉不必要的辅助线，以免影响后面勾线。

» 勾线

05 用纤维笔绘制轮廓，然后用小号黑色防水笔根据线稿勾线。注意线条的虚实变化，表现出丝绸的柔韧性，明确服装款式，接着擦掉不必要或出界的线条。

用浅棕色纤维笔勾勒各部位的轮廓。

» 皮肤

04 自定光源方向，绘制皮肤的底色和阴影。与薄纱相比，丝绸面料虽然较薄但基本不透明，因此皮肤和服装的色彩分界非常分明。

用27#马克笔绘制皮肤底色，注意留白。

用蓝色纤维笔绘制虹膜的颜色。

用深棕色纤维笔绘制瞳孔、眼线等。

» **上色**

06 根据褶皱走向，用9#马克笔绘制丝绸面料的底色，注意大面积留白。

用斜头绘制发色。

07 沿着服装褶皱走向，用深一号的粉色绘制反光色。

完善发色阴影的绘制。

08 用对比较明显且同色系的89#或15#马克笔绘制褶皱暗部的阴影，体现强烈的光泽感。

用红色纤维笔绘制出眼影和唇色。

10 该案例选用与虹膜颜色相同的
颜色作为背景色，与整体呼应。

w5-yanfei

Oct.30th.201

09 用高光笔绘制皮肤高光，表现
出皮肤质感。顺着褶皱的走向绘制
出褶皱的亮面，并细致刻画褶皱形
态，表现出丝绸的光泽质感。

5.2.3 丝绸质感作品赏析

5.3 牛仔质感表现

牛仔是一种较粗厚的色织经面斜纹棉布。牛仔面料的后整理工艺很多，有打磨、水洗和漂白等。通过后整理加工，一块普通的牛仔面料可以变得有许多细节。

5.3.1 牛仔质感绘制技巧

牛仔质感的绘制要点

光泽感弱：牛仔面料的主要成分为棉纤维，所以它不像丝绸面料那么有光泽，在绘制时注意高光不能过于强烈。

软硬度：牛仔面料的手感略粗糙，线条转折硬朗，不像丝绸面料那么圆滑柔软。

纹理线迹：牛仔面料的基本纹理为斜纹和平纹，绘制时可以用彩铅辅助绘制。线迹是牛仔服装的经典处理手法，绘制时要表现出来。

牛仔质感绘制细节

①绘制牛仔面料的底色。
②叠加牛仔面料的暗部。
③绘制牛仔面料经典的线迹。
④绘制牛仔面料的斜纹纹理。

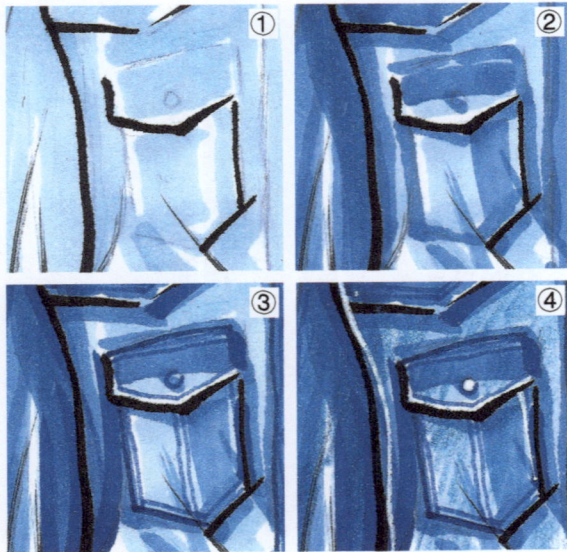

5.3.2 牛仔质感实例表现

» 线稿

01 用铅笔起稿，确定人体动态。

02 根据人体动态绘制服装的大致廓形，牛仔面料较硬挺，褶皱起伏大，碎褶少。

03 完善人体与服装配饰的细节，案例中上衣的牛仔面料比裤子的牛仔面料要柔软，注意线条的对比，裤子的线条应表现得硬朗一些。擦掉不必要的辅助线，以免影响后面勾线。

用139#马克笔的尖头绘制皮肤阴影。

» 皮肤

04 自定光源方向，绘制皮肤底色和阴影，注意留出皮肤高光。

用27#马克笔以平涂的方式绘制皮肤底色，可大胆用笔，注意在眼珠和牙齿位置留白。

» 勾线

05 确定五官和皮肤的轮廓。

用浅棕色纤维笔勾勒各处的轮廓，如上眼睑、眼睛虹膜、眉毛、耳朵、脸型和手脚等。

用浅棕色极细针管笔绘制细小线条，如双眼皮、眉梢、鼻子和嘴唇等。

用深棕色纤维笔绘制出瞳孔，加重各个关节转折处和暗部的线条。

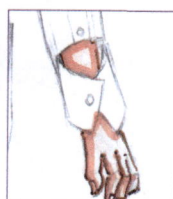

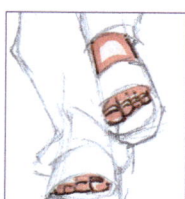

06 用小号黑色防水笔根据线稿勾线，注意上衣和裤子的线条对比，表现出牛仔服装的硬朗造型，明确服装款式。

沿着服装的褶皱走向用笔，注意线条的粗细和虚实变化。

继续补充局部线条，细小部件与受光部位可保留铅笔痕迹。

» 上色

07 绘制头发和整体的服装底色，注意留出高光。

用斜头沿着褶皱走向以块面的形式填充上衣底色，根据起伏和转折留白，保留缝隙。

用同样的方法绘制服装其他部分的颜色。

08 根据自定光源叠加绘制服装的阴影，阴影主要集中在转折处和褶皱内侧，绘制时应用笔肯定，笔触明快。

用红色纤维笔绘制唇色和眼影，完善眼线和耳环的绘制。

09 继续叠加绘制暗部阴影，叠加1~2层即可，注意叠加面积逐层递减，表现出层次感。

10 绘制牛仔的线迹。

结合深浅不同的蓝色纤维笔绘制线迹，然后在暗部用较深的颜色绘制出扣子。

11 用高光笔沿着各个关节转折处绘制高光，表现出面料质感。牛仔面料的光泽感弱，只需在主要的转折处略微表现高光即可，不宜提亮太多。

用点笔触绘制出鞋子的波点细节。

12 用彩铅绘制牛仔面料的纹理。彩铅是蜡质的，如果先用彩铅上色，再使用高光笔时就不能很好地上色，所以要先用高光笔上色再用彩铅绘制。另外，彩铅还可以弱化牛仔面料的光泽感。

选择近似的色彩铅，根据服装走向排线绘制纹理。

5.3.3 牛仔质感作品赏析

5.4 针织质感表现

针织面料主要分为纬编和经编两类。纬编针织品最少可以用一根纱线制作而成，如毛衣、开衫等成型类针织品。经编织物不能用手工编织，如T恤、运动卫衣等裁剪类针织品。

5.4.1 针织质感绘制技巧

在表现经编针织时，由于经编针织纱线较为细腻，因此只需要把针织款式和褶皱绘制出来，再叠加上色即可。

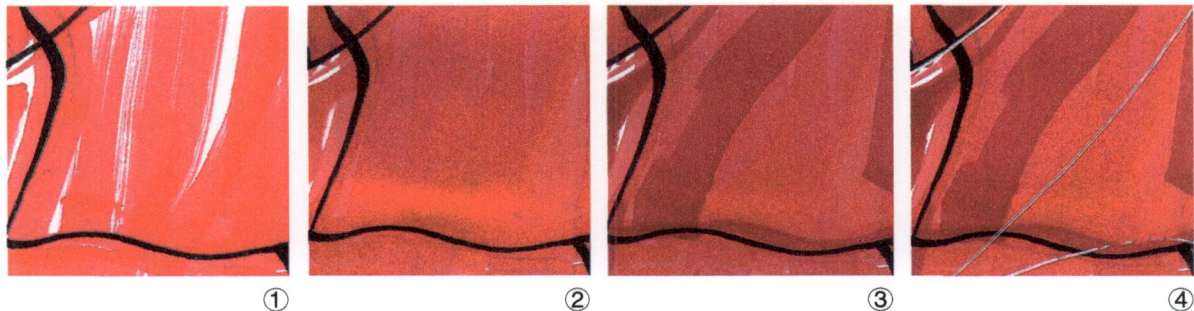

① ② ③ ④

纬编针织质感的绘制要点

织纹：纬编针织在外观上有明显的坑条织纹，在绘制时可采用长短弧度不一的曲线表现。

纹理：纬编针织不仅可以清晰看见织纹，纱线纹理也是清晰可见的，绘制时应刻画纹理细节。

线条：纬编针织线条粗犷圆钝，绘制时注意线条不宜出现尖角。

针织质感表现细节

①绘制暗部织纹。

②绘制整体织纹。

③绘制针织的整体阴影。

④绘制针织纹理。

① ② ③ ④

5.4.2 针织质感实例表现

» 线稿

01 用铅笔起稿，确定
人体动态。

02 根据人体动态绘制针
织服装的大致廓形，注意
线条粗钝。该案例为宽松
的粗纱线编织毛衣，注意
廓形线条和服装空间。

03 完善人体与服装配饰
的细节，然后擦掉不必要
的辅助线，以免影响后面
勾线。

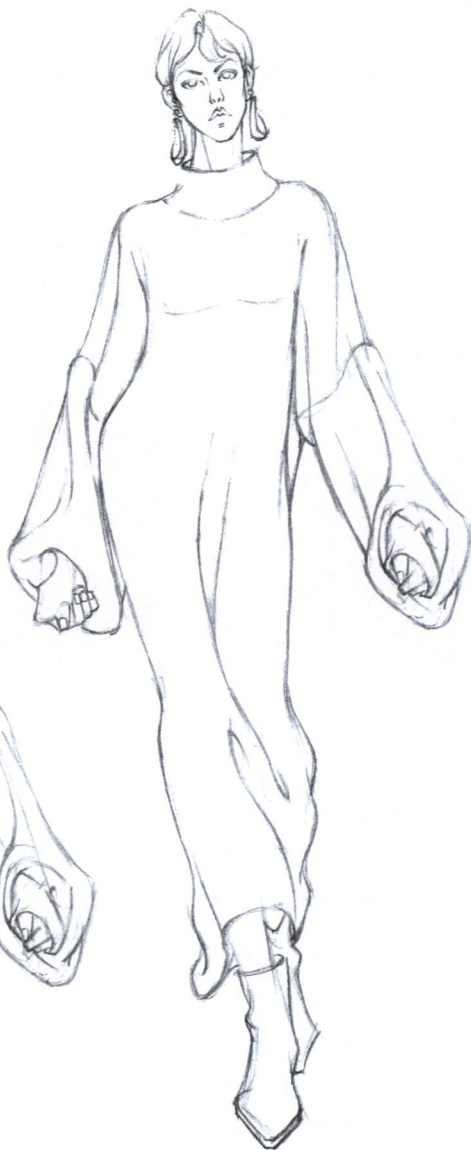

» **皮肤**

04 自定光源方向，绘制
皮肤的底色和阴影，注意
留出皮肤高光。

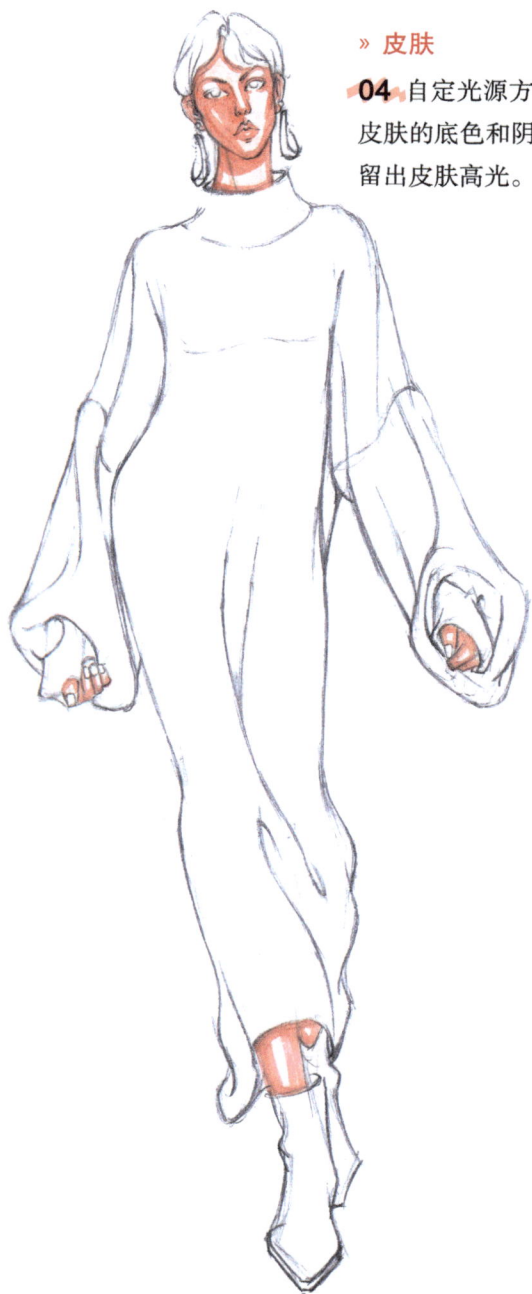

用27#马克笔以平涂的方式绘
制皮肤底色，可大胆用笔。

用139#马克笔的尖头绘制皮肤
阴影。

» **勾线**

05 用纤维笔勾勒
皮肤处的轮廓。

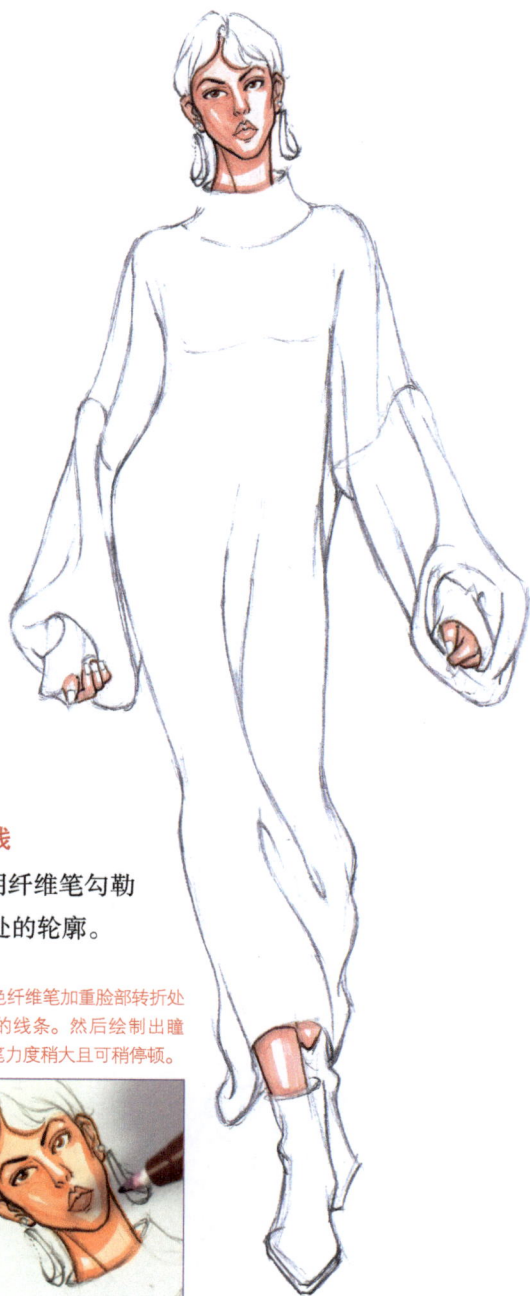

用浅棕色纤维笔勾勒上眼睑，
填充眼睛虹膜等处的轮廓，注
意留出高光。

用浅棕色极细针管笔绘制双眼
皮、眉梢、鼻子和嘴唇等细致
轮廓。

用深棕色纤维笔加重脸部转折处
和暗部的线条。然后绘制出瞳
孔，下笔力度稍大且可稍停顿。

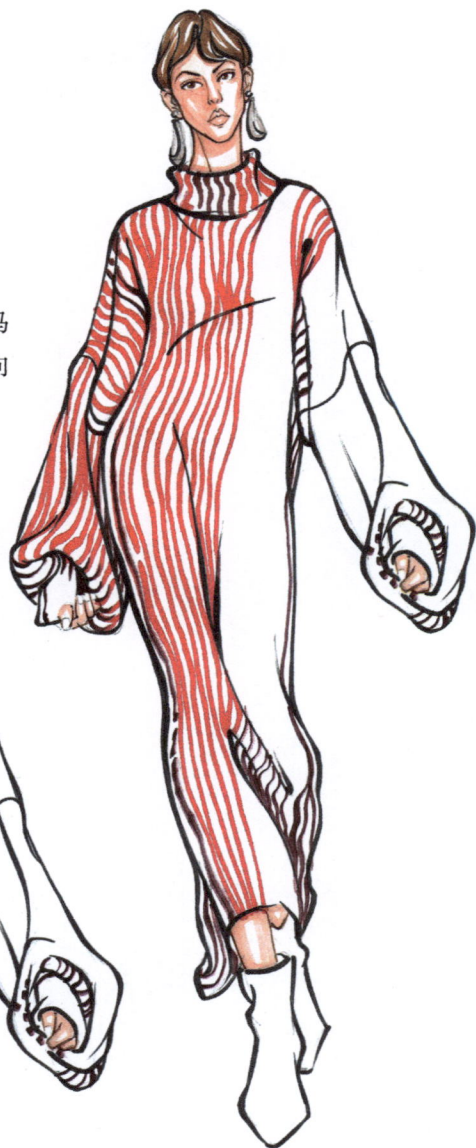

» 上色

07 用深红色马克笔（1#马克笔）根据褶皱和人体走向绘制织纹较暗的线条。

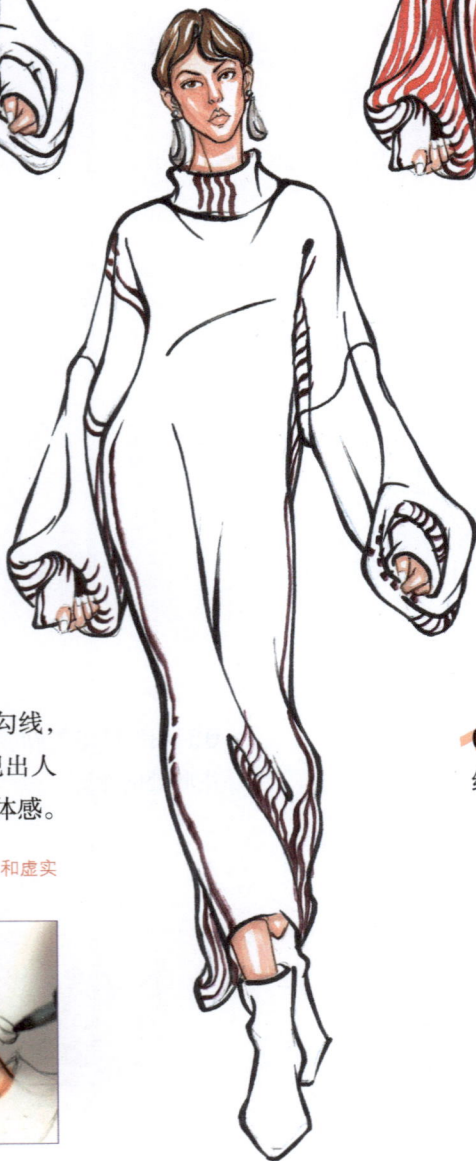

06 用小号黑色防水笔根据线稿勾线，注意线条变化，粗钝用笔，表现出人体与服装贴合、被服装包裹的立体感。

沿着服装的褶皱走向用笔，注意线条的粗细和虚实变化，服装线条可稍粗。

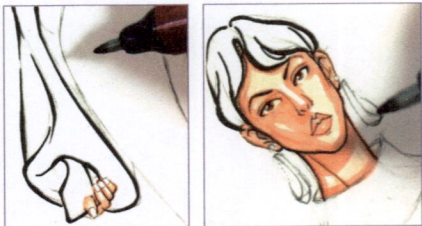

08 用颜色浅一些的4#马克笔绘制亮面的整体织纹。

11 绘制织纹纹理细节，完善妆容和鞋子的绘制。然后用高光笔提亮皮肤、鞋子、耳环和头发的光泽。针织面料通常没有光泽，因此不需要用高光笔提亮。

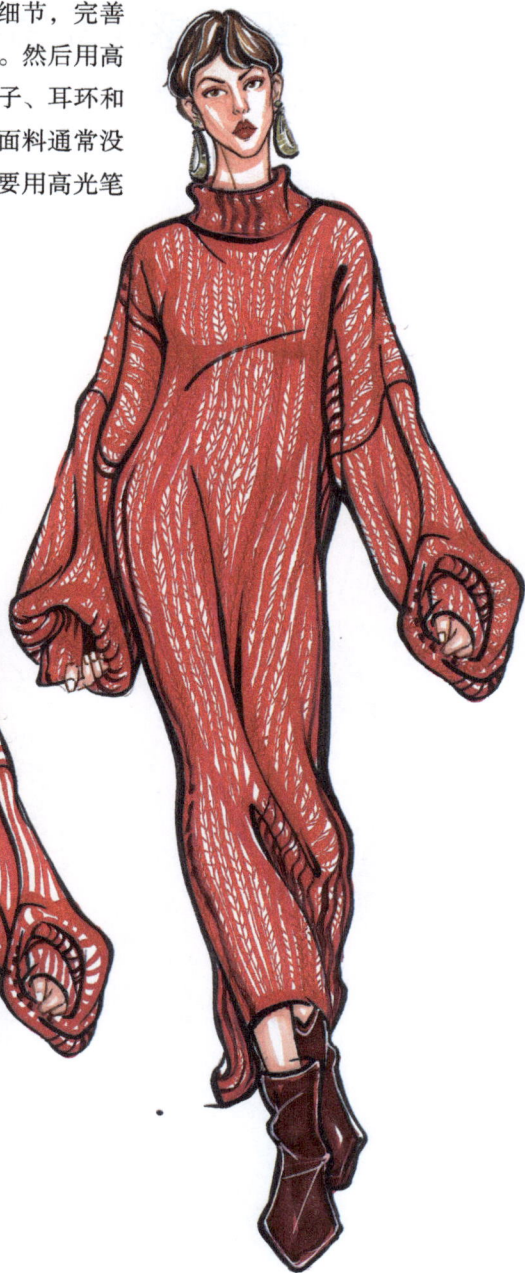

09 根据服装走向完善织纹绘制。

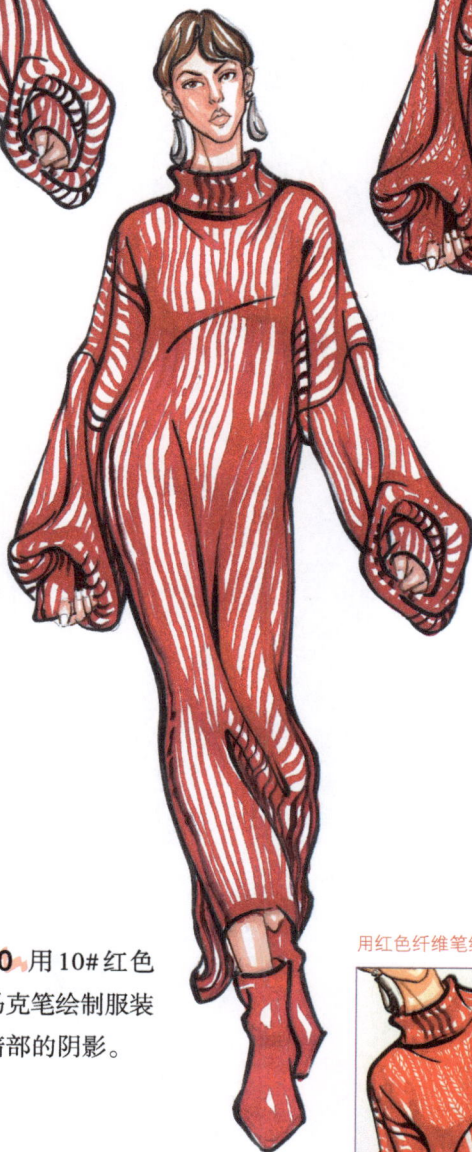

10 用10#红色马克笔绘制服装暗部的阴影。

用红色纤维笔绘制织纹纹理。

用红色纤维笔绘制唇色和眼影。

5.4.3 针织质感作品赏析

◎ 纬编针织质感作品赏析

5.5 毛呢质感表现

毛呢是对用各类羊毛、羊绒织成的织物的泛称。通常适用于制作礼服、西装和大衣等正规、高档的服装，通常以秋冬款服装为主。华达呢光泽自然柔和，较为庄重；粗花呢质地较粗，呈现各种色织提花织纹；法兰绒则素净大方；麦尔登表面细洁平整、挺实、富有弹性。

5.5.1 毛呢质感绘制技巧

毛呢质感的绘制要点

廓形： 由于毛呢面料质地厚实，因此服装轮廓非常硬挺，绘制时注意线条的挺括。

褶皱： 毛呢服装的褶皱通常是既深又长，数量少，很少出现碎褶。

纹理： 表现毛呢的纹理，可用干画笔或借用彩铅刷出织纹，也可以通过颜色叠加混合得到厚重的纹理感。

毛呢质感表现细节

①绘制毛呢的底色。

②叠加绘制毛呢的过渡色。

③在过渡色未干前，叠加绘制毛呢暗部的颜色，形成笔触混合，表现厚重质感。

④在主要转折处绘制高光，高光不宜过于强烈。

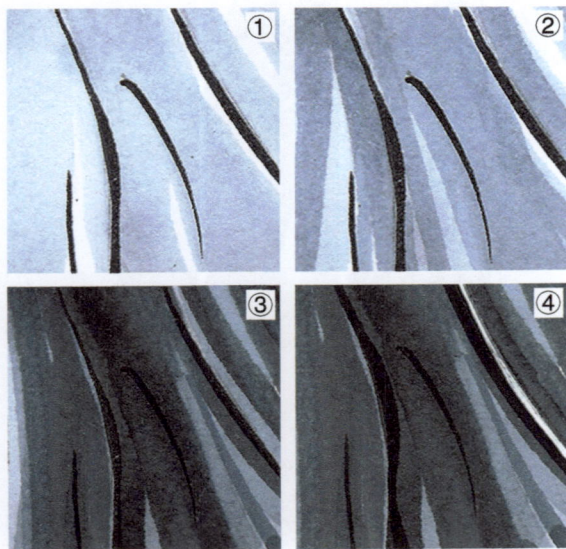

5.5.2 毛呢质感实例表现

» 线稿

01 用铅笔起稿，确定人体动态。

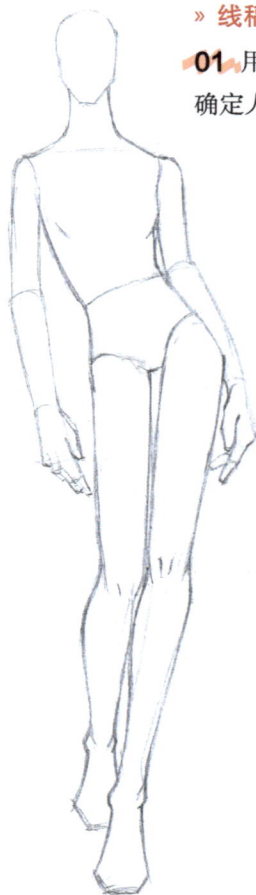

02 根据人体绘制毛呢服装的大致廓形，案例中为束腰套装，面料厚重，注意褶皱线条少而长，以清晰为主。褶皱主要表现在关节转折处和束腰处，服装廓形硬朗。

03 完善人体与服装配饰的细节，然后擦掉不必要的辅助线，以免影响后面勾线。

» 勾线

05 用纤维笔勾勒皮肤处的轮廓，确定脸部和五官线条。

» 皮肤

04 自定光源方向，绘制皮肤底色和阴影，注意留出高光。

用浅棕色纤维笔勾勒上眼睑，填充眼睛虹膜的颜色，注意留出高光。然后绘制眉毛前半段，以及耳朵和脸部轮廓。

用27#马克笔以平涂的方式绘制皮肤的底色。

用139#马克笔的尖头绘制皮肤的阴影。

用浅棕色极细针管笔绘制双眼皮、眉梢、鼻子和嘴唇的轮廓。

用深棕色纤维笔分别加重脸部转折处，如眉头、上眼睑等。然后用点笔方式点出瞳孔，下笔力度稍大且可稍停顿。

06 用小号黑色防水笔根据线稿勾线，明确服装款式。然后擦掉出界或不必要的线条，以便更好地上色填充。

08 叠加绘制毛呢过渡色。叠加面积逐层递减，表现出毛呢面料的层次感。

» 上色

07 根据自定光源，沿着服装褶皱走向绘制整体服装的底色，注意留出高光。

沿着服装的褶皱走向用笔，表现出毛呢硬朗厚重的线条。

绘制发色。

绘制手套。

用马克笔宽头绘制底色。

10 完善妆容，提亮皮肤、手套和鞋子的高光，表现出光泽感。毛呢光泽感弱，只需要加强轮廓高光即可，表现体积感。注意需要按照实际毛呢光泽绘制高光。

11 本案例选用与发色和手套颜色同色系的颜色，绘制出暖色调的背景，与冷色调的灰色错开，达到画面视觉平衡。

09 在过渡色没完全干前叠加绘制深色阴影，使两层颜色混合在一起，形成较厚重的质感，进一步增强层次。

用红色纤维笔绘制唇色和眼影。

5.6 皮革质感表现

皮革广泛应用于各大行业，除了皮鞋、皮包、皮带和皮手套等，当然也少不了皮衣。皮革主要有各种动物皮革、人造皮革（即PU皮）和合成皮革等。根据光泽不同，皮革分为亚光和亮光两种，皮革表面有一层天然颗粒状的纹理。

5.6.1 皮革质感绘制技巧

皮革质感的绘制要点

光泽： 亚光皮革的光泽暗淡，亮光皮革产生大量高光，绘制时可通过留白面积来区分。

厚重感： 在绘制皮革面料时，为了和丝绸类面料的光泽进行区分，可以通过褶皱和轮廓来表现皮革的厚重感。皮革的碎褶很少，褶皱多为曲线，服装廓形挺括。

纹理： 皮革表面有一层天然颗粒状的纹理，可以通过颜色的叠加混合来表现厚重纹理，或者借助彩铅刻画颗粒纹理。

皮革质感表现细节

①绘制皮革的褶皱。
②绘制皮革的底色。
③叠加绘制皮革的阴影。
④绘制皮革的高光。

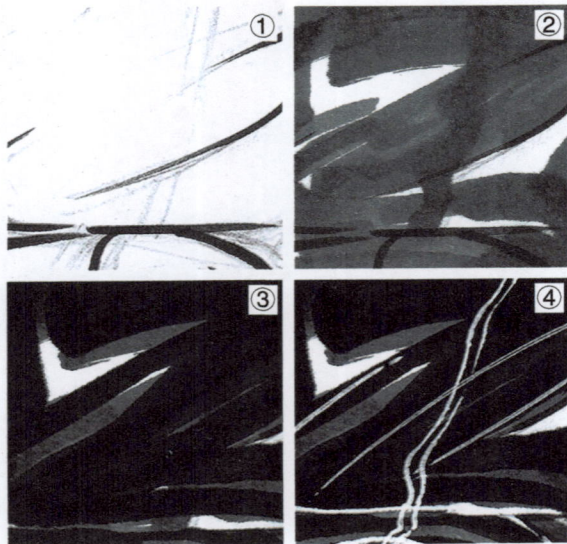

5.6.2 皮革质感实例表现

» 线稿

01 用铅笔起稿，确定人体动态。该案例为坐姿全身动态。

02 根据人体动态绘制服装，案例中的服装褶皱主要集中在腹部和腿部动态处。然后完善人体与服装配饰的细节，接着擦掉不必要的辅助线，以免影响后面勾线。

根据三庭五眼的比例关系绘制五官，注意透视变化。

05 用黑色防水笔根据线稿勾线，注意线条的弧度，表现出皮革的挺括感，明确褶皱走向和服装款式。

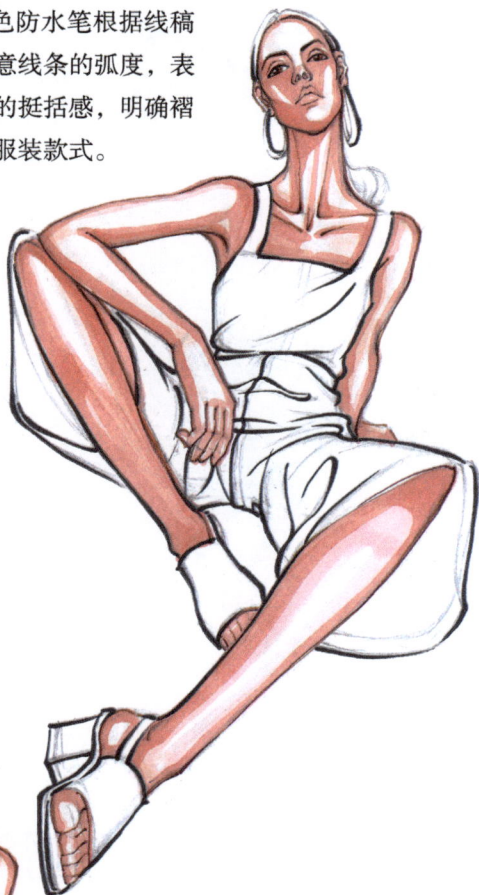

» 皮肤

03 自定光源方向，然后用27#马克笔绘制皮肤底色，接着用139#马克笔绘制皮肤阴影。最好在第一层肤色没完全干透前绘制阴影，这样肤色过渡会更加自然。

以平涂的方式绘制皮肤底色，可大胆用笔。

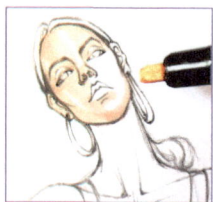

用浅棕色纤维笔勾勒皮肤处的轮廓，如上眼睑、眼睛虹膜、眉毛、耳朵、脸型、锁骨和四肢等。

用浅棕色极细针管笔绘制细小线条，如双眼皮、眉梢、鼻子和嘴唇等。

» 勾线

04 用纤维笔确定脸部和五官，以及四肢的轮廓，加强皮肤转折处的线条。

06 沿着褶皱走向绘制
整体服装底色，留出褶
皱起伏处的高光。

08 完善妆容和配饰
的绘制。

用红色纤维笔绘制唇色和眼
影，然后完善耳环的颜色。

07 根据自定光源叠加绘制
服装阴影，阴影主要集中在
转折处和褶皱内侧，绘制时
用笔应肯定。

09 用高光笔提亮皮肤质感，然后沿着服装褶皱起伏绘制出高光，体现皮革面料的体积感。

w5-yanFei
Faye
Oct.->th.201

10 根据款式风格绘制强烈的背景色与之呼应。

5.6.3 皮革质感作品赏析

5.7 光感面料表现

高能见度科学光感材料成为现代前卫设计的新趋势。设计师已经不满足于传统面料，开始运用各种方式不断地发掘各种材料所带来的可能性。在各大秀场上也出现了用各种光感面料来表达对未来的畅想或对生活的态度。光感面料的材质有很多种，由各种化学纤维合成。

5.7.1 光感面料绘制技巧

光感面料的绘制要点

光感：绘制时可以通过大量留白和高光笔提亮来表现光感。

反光：光感面料如同一面镜子，在上色时除了原有的色彩外，还会出现周围的环境色，这是绘制时需要考虑的。

对比：面料本身的光感和反射的环境色形成对比强烈的色彩，这是绘制光感面料的关键。

光感面料表现细节

①绘制光感面料的底色，大面积留白。
②绘制光感面料的反光色和环境色。
③绘制过渡色。
④绘制高光。

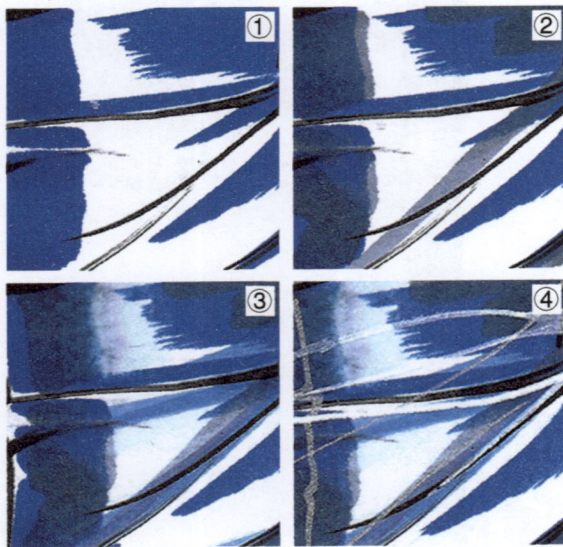

5.7.2 光感面料实例表现

» **线稿**

01 用铅笔起稿，确定人体动态。

02 根据人体动态绘制服装的大致廓形，该案例中的服装材质较为挺括硬朗，因此绘制褶皱时要注意线条的软硬度。

03 完善人体与服装配饰的细节，然后擦掉不必要的辅助线，以免影响后面勾线。

》勾线

05 确定脸部、五官及四肢的轮廓。

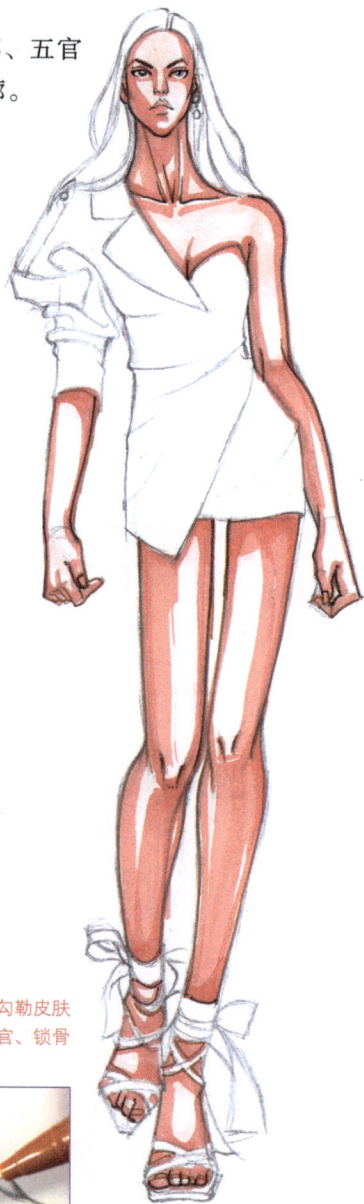

》皮肤

04 自定光源方向，然后绘制皮肤的底色和阴影。最好在第一层肤色没完全干透前绘制阴影，这样肤色过渡会更加自然。

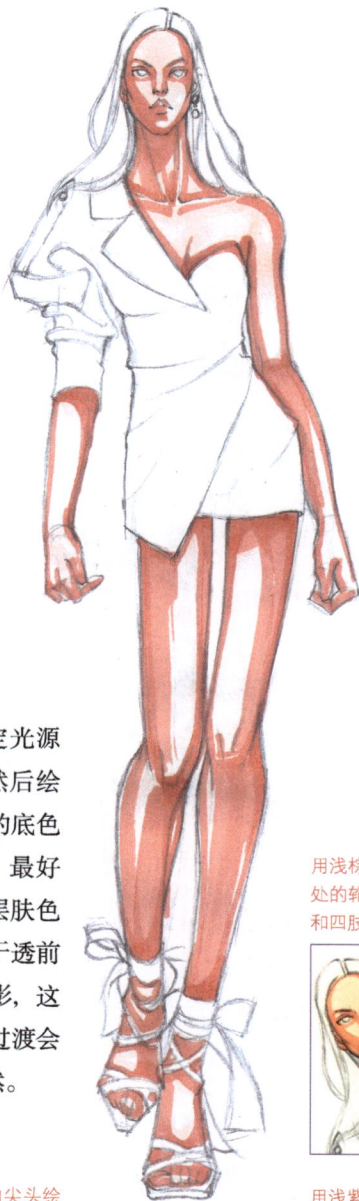

用浅棕色纤维笔勾勒皮肤处的轮廓，如五官、锁骨和四肢等。

用27#马克笔以平涂的方式绘制皮肤底色，可大胆用笔。

用139#马克笔的尖头绘制皮肤阴影。

用浅紫色纤维笔绘制虹膜颜色。

用深棕色纤维笔加重绘制人体轮廓的转折处，绘制出瞳孔。

06 用小号黑色防水笔根据线稿勾线，明确服装款式。然后擦掉出界或不必要的线条，以便更好地上色。

沿着服装的褶皱走向用笔，表现出硬朗的线条感，注意线条的粗细和虚实变化。

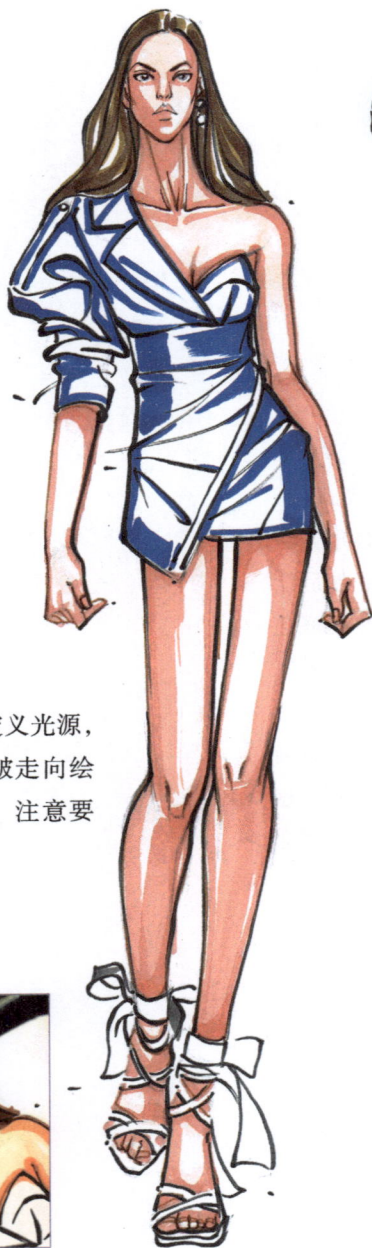

» 上色

07 根据自定义光源，沿着服装褶皱走向绘制服装暗面，注意要大面积留白。

绘制发色。

绘制头发暗部的颜色。

08 绘制光感面料的反光色，案例中的环境色为头发和鞋子飘带的颜色，因此选用暖灰色来绘制。

09 用浅灰色绘制出过渡色，表现出层次感。

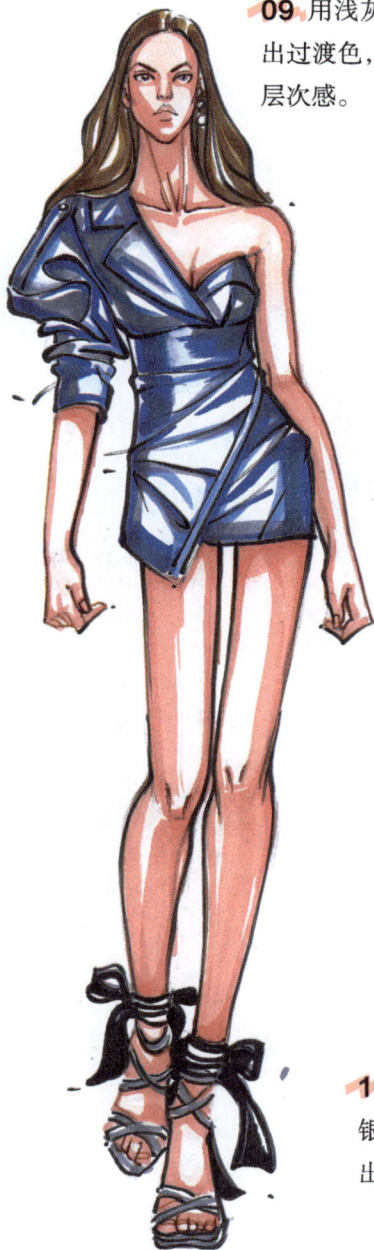

11 用高光笔提亮人体关节转折处的高光，提亮肤色，然后完善服装高光，表现出明亮的光感。

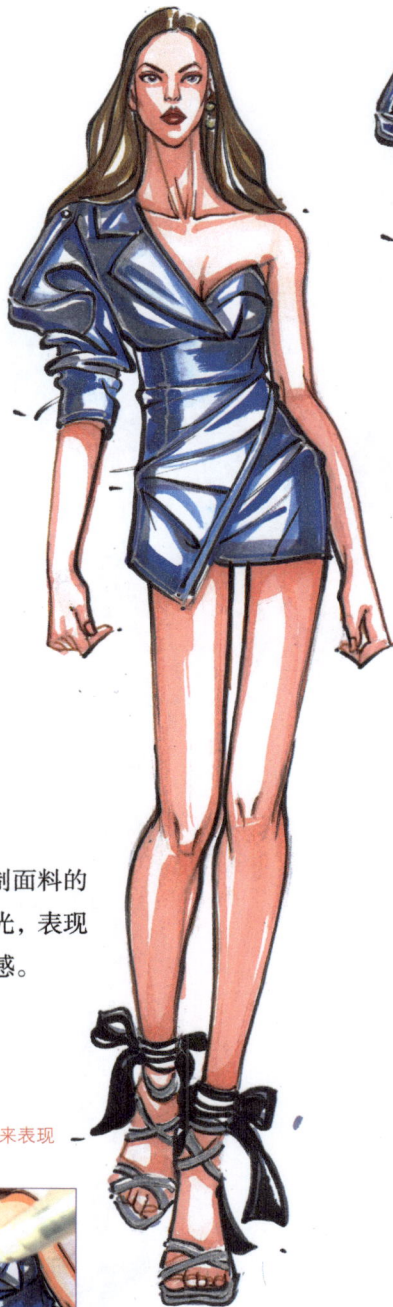

10 绘制面料的银色高光，表现出镜面感。

用红色纤维笔绘制唇色和眼影，然后完善眼线和耳环的颜色。

可借助银色高光笔来表现银色光泽。

5.7.3 光感面料作品赏析

5.8 天鹅绒质感表现

天鹅绒是以绒经在织物表面构成绒圈或绒毛的丝织物名。天鹅绒面料质量较重，表面富有光泽，色彩饱满，手感柔软舒适，它奢华的气质和丰富的纹理可以营造出浓厚的时尚氛围。

5.8.1 天鹅绒质感绘制技巧

天鹅绒质感的绘制要点

光泽感：通过高光和反光表现，高光通过大量留白表现，反光则通过叠色表现。

垂坠感：天鹅绒质量较重，垂感较强，手感柔软，和丝绸相比，天鹅绒的褶皱较为厚重、分明。

绒感：绘制时要表现出天鹅绒的绒感，可以先从深色开始绘制，当浅色叠加深色时，上下层颜色得以晕染，形成绒感纹理；也可以使用0#马克笔来做最后的晕色处理。

天鹅绒质感表现细节

①先绘制中间色。
②叠加绘制暗部的颜色。
③叠加绘制浅色，并进行晕染。
④绘制高光，进一步晕染。

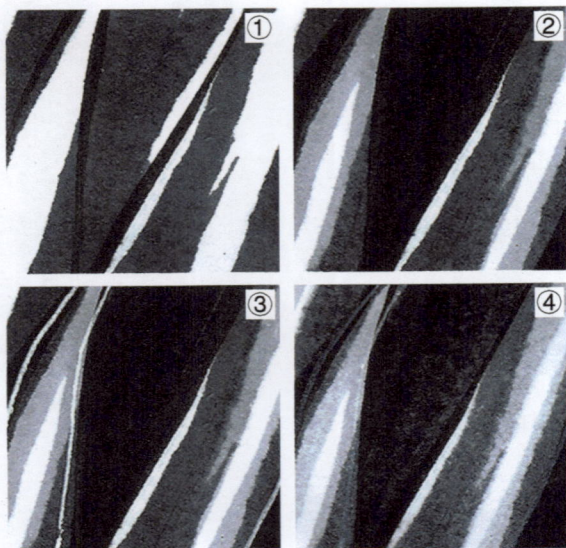

5.8.2 天鹅绒质感实例表现

» 线稿

01 用铅笔起稿，确定人体动态。

02 根据人体动态绘制服装款式廓形，本案例为修身鱼尾礼服裙，天鹅绒垂坠感强，容易形成纵向的垂褶，注意披肩褶皱走向的处理。

» 皮肤

03 擦掉不必要的
辅助线，绘制皮肤
底色和阴影。

04 绘制皮肤处的
轮廓。

用27#马克笔绘制皮肤底色。

用139#马克笔的尖头绘制皮肤
暗部阴影。

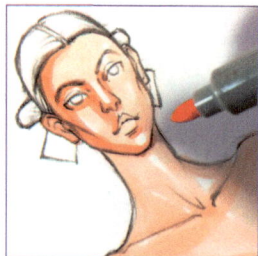

用浅棕色纤维笔勾勒五官轮廓，然
后绘制肩部、锁骨和手部轮廓。

用浅棕色极细针管笔绘制双眼
皮、眉梢、鼻子和嘴唇的轮廓。

用深棕色纤维笔分别加重眼
珠、腋窝和手指缝等转折处。

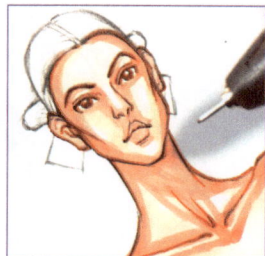

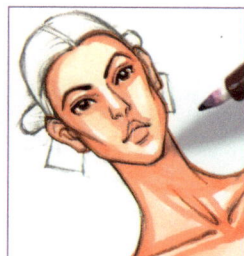

05 用小号黑色防水笔根据线稿勾线，明确服装款式，然后擦掉出界或不必要的线条，以便更好地上色。

07 用颜色深一号的马克笔绘制暗部褶皱的颜色，暗部阴影集中在褶皱内侧和转折处。

沿着人体动态绘制服装褶皱，注意绘制出曲线表现天鹅绒的柔软感。

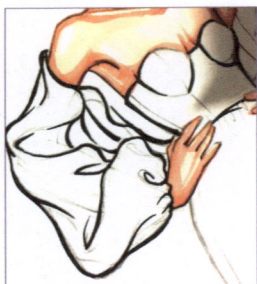

» 上色

06 根据服装褶皱走向绘制出中间过渡的颜色，对亮部和暗部进行留白。

用马克笔斜头绘制中间色。

08 在暗部颜色没有完全干的时候，用浅一号的马克笔叠加绘制亮部颜色，留出高光的同时晕染暗部颜色。

用红色纤维笔绘制出眼影和唇色。

月黑色纤维笔绘制出手指指甲。

09 用高光笔提亮皮肤和服装的光泽，表现出天鹅绒的光泽感。

10 用0#马克笔进一步
晕染，表现出自然的过
渡色，形成绒感纹理。

11 绘制出背景颜色。

用0#马克笔进一步晕染过渡，
形成绒感纹理。

5.8.3 天鹅绒质感作品赏析

5.9 皮草质感表现

皮草是指利用动物的皮毛所制成的服装，具有保暖的作用。皮草质感高贵奢华。

5.9.1 皮草质感绘制技巧

皮草质感的绘制要点

长度：长毛皮草可以用轻松细长的弧线表现，短毛皮草可以用细短的线条表现，羊羔毛或人造皮草则可以用短弧线或打圈方式来表现体积感。

蓬松感：皮草外形具有一定的蓬松感，绘制时应注意线条的把握，以松动轻快的线条为主。

体积感：把握皮草整体的体积感和大转折关系。

皮草质感表现细节

①绘制皮草的体积感。

②叠加绘制皮草的体积感。

③绘制长毛。

④绘制皮草的高光。

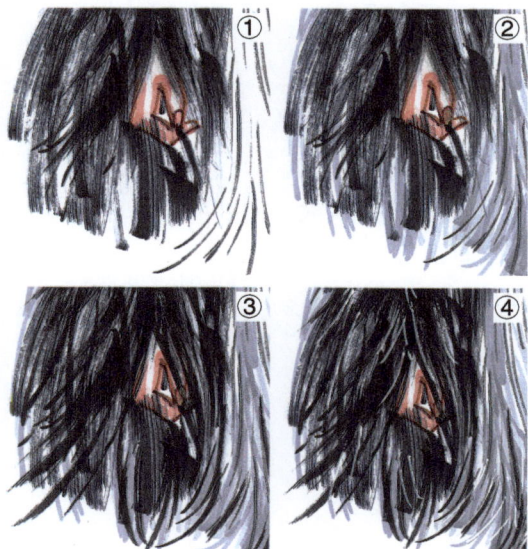

5.9.2 皮草质感实例表现

» **线稿**

01 用铅笔起稿，确定人体动态。

02 根据人体动态绘制皮草的大致廓形。与其他线稿不同的是，绘制毛类时可以采用不规则短曲线。

03 完善人体与蓬松皮草的轮廓，然后擦掉不必要的辅助线，以免影响后面勾线。

用27#马克笔绘制皮肤底色。

用139#马克笔的尖头绘制皮肤阴影。

» 皮肤

04 自定光源方向，绘制皮肤底色和阴影。最好在第一层肤色没完全干透时绘制阴影，这样肤色过渡会更加自然。

» 勾线

05 用纤维笔勾勒皮肤处的轮廓，然后用小号黑色防水笔根据线稿勾线，明确皮草的造型。然后擦掉出界或不必要的线条，以便更好地上色。

用浅棕色纤维笔勾勒上眼睑，并填充眼睛虹膜，注意留出高光。然后绘制眉毛前半段、耳朵和脸型轮廓。

用浅棕色极细针管笔绘制双眼皮、眉梢、鼻子和嘴唇的轮廓。

用深棕色纤维笔分别加重脸部转折处，如眉头、上眼睑。然后用点笔方式点出瞳孔，下笔力度稍大且可稍停顿。

按同一方向依次绘制皮草毛边。

» 上色

06 完善头发和靴子的颜色。

07 根据皮草毛边方向绘制出蓬松的长毛，表现出体积感。

绘制发色。

绘制靴子底色。

沿着皮草轮廓用快干的马克笔绘制出蓬松的毛。

依次绘制，表现出蓬松的体积感。

08 完善其他
颜色的皮草毛
绘制。

10 用中号黑色
防水勾线笔绘制
整体皮草轮廓处
的长毛。

刻画轮廓外的皮草毛。

09 用浅灰色马克笔绘制出
白色皮草毛的体积感。

用红色纤维笔绘制唇色和
眼影。

表现白色皮草毛的体积感。

11 用高光笔绘制整体高光，提亮肤色和靴子，表现出皮草的体积感和光泽感。

wh-yanfei

Faye 靳

Oct. 31th.201

12 绘制背景颜色，注意和画面效果相呼应。

5.9.3 皮草质感作品赏析

wu-yanlei
Faye吴艳蕾
Mar. 7th. 2017.

W5-YanFei
Faye ynfa
June 16th. 2016.

W5-YanFei
Faye ynfa
Nov.28th.201